职业技能等级认定培训教材

陶瓷原料准备工

（二级 一级）

陆小荣 主编

中国劳动社会保障出版社

图书在版编目（CIP）数据

陶瓷原料准备工：二级　一级 / 陆小荣主编.
北京：中国劳动社会保障出版社，2024. --（职业技能等级认定培训教材）. -- ISBN 978-7-5167-6591-3

I. TQ174.4

中国国家版本馆CIP数据核字第2024FS7452号

中国劳动社会保障出版社出版发行

（北京市惠新东街1号　邮政编码：100029）

*

北京市鑫霸印务有限公司印刷装订　　新华书店经销
787毫米×1092毫米　16开本　10印张　163千字
2024年10月第1版　2024年10月第1次印刷
定价：28.00元

营销中心电话：400-606-6496
出版社网址：http://www.class.com.cn

版权专有　　侵权必究

如有印装差错，请与本社联系调换：（010）81211666
我社将与版权执法机关配合，大力打击盗印、销售和使用盗版图书活动，敬请广大读者协助举报，经查实将给予举报者奖励。
举报电话：（010）64954652

本书编审人员

主　编　陆小荣
副主编　黄春娥　马　岚
主　审　杨德林　徐利华

前　言

为加快建立劳动者终身职业技能培训制度，全面推行职业技能等级制度，推进技能人才评价制度改革，进一步规范培训管理，提高培训质量，有关专家根据《陶瓷原料准备工国家职业技能标准（2019年版）》（以下简称《标准》）编写了陶瓷原料准备工职业技能等级认定培训系列教材（以下简称等级教材）。

陶瓷原料准备工等级教材紧贴《标准》要求编写，内容上突出职业能力优先的编写原则，结构上按照职业功能模块分级别编写。该等级教材共包括《陶瓷原料准备工（基础知识）》《陶瓷原料准备工（五级　四级　三级）》《陶瓷原料准备工（二级　一级）》3本。《陶瓷原料准备工（基础知识）》是各级别陶瓷原料准备工均需掌握的基础知识，其他各级别教材内容分别包括各级别陶瓷原料准备工应掌握的理论知识和操作技能。

本书是陶瓷原料准备工等级教材中的一本，是职业技能等级认定推荐教材，也是职业技能等级认定题库开发的重要依据，适用于职业技能等级认定培训和中短期职业技能培训。

本书由无锡工艺职业技术学院陆小荣任主编，无锡工艺职业技术学院黄春娥、江西陶瓷工艺美术职业技术学院马岚任副主编。本书由河南省玻璃陶瓷行业管理协会杨德林、无锡工艺职业技术学院徐利华任主审。

本书在编写过程中得到中国陶瓷工业协会、无锡工艺职业技术学院、江西陶瓷工艺美术职业技术学院、河南省玻璃陶瓷行业管理协会、江苏拜富科技股份有限公司、江苏高淳陶瓷股份有限公司、广西三环企业集团股份有限公司等单位的大力支持与协助，在此一并表示衷心感谢。

目 录 CONTENTS

职业模块1　料制备 … 1

培训项目1　配料 … 3
　培训单元1　配料的异常与调整 … 3
　培训单元2　陶瓷坯料配方设计 … 5
　培训单元3　陶瓷釉料配方设计 … 14
　培训单元4　陶瓷颜料配方设计 … 25

培训项目2　粉碎、过筛、除铁和搅拌 … 31
　培训单元1　助磨剂与电解质 … 31
　培训单元2　粉碎 … 38
　培训单元3　过筛、除铁和搅拌 … 45

培训项目3　坯料的压滤与练泥（A） … 50
　培训单元1　泥浆压滤 … 50
　培训单元2　练泥 … 54

培训项目4　颜料煅烧与煅烧后处理（B） … 59
　培训单元1　设备的维护保养及故障处理 … 59
　培训单元2　影响颜料质量的因素 … 64

培训项目5　粉料的制备与存储（C） … 70
　培训单元1　粉料制备 … 70
　培训单元2　粉料存储 … 80

职业模块2　料检测 … 85

培训项目1　泥釉浆料性能检测 … 87
　培训单元1　泥釉浆料性能的综合评价 … 87
　培训单元2　泥釉浆料质量的改进与提高 … 97

培训项目2　可塑坯料性能检测（A） … 102
　培训单元1　可塑坯料性能的综合评价 … 102

| 培训单元2 可塑坯料质量的改进与提高 | 106 |

培训项目3 颜料性能检测（B） ⋯⋯⋯⋯⋯⋯⋯⋯⋯⋯⋯⋯⋯⋯⋯⋯ 111
   培训单元1 颜料性能的综合评价 ⋯⋯⋯⋯⋯⋯⋯⋯⋯⋯⋯⋯⋯⋯⋯⋯ 111
   培训单元2 颜料质量的改进与提高 ⋯⋯⋯⋯⋯⋯⋯⋯⋯⋯⋯⋯⋯⋯⋯ 116
培训项目4 粉料性能检测（C） ⋯⋯⋯⋯⋯⋯⋯⋯⋯⋯⋯⋯⋯⋯⋯⋯ 121
   培训单元1 粉料性能的综合评价 ⋯⋯⋯⋯⋯⋯⋯⋯⋯⋯⋯⋯⋯⋯⋯⋯ 121
   培训单元2 粉料的质量改进与压制成型工艺 ⋯⋯⋯⋯⋯⋯⋯⋯⋯⋯ 124

职业模块3 管理与培训 ⋯⋯⋯⋯⋯⋯⋯⋯⋯⋯⋯⋯⋯⋯⋯⋯⋯⋯⋯⋯⋯ 127

培训项目1 技术管理 ⋯⋯⋯⋯⋯⋯⋯⋯⋯⋯⋯⋯⋯⋯⋯⋯⋯⋯⋯⋯⋯ 129
   培训单元1 质量管理 ⋯⋯⋯⋯⋯⋯⋯⋯⋯⋯⋯⋯⋯⋯⋯⋯⋯⋯⋯⋯ 129
   培训单元2 工艺管理 ⋯⋯⋯⋯⋯⋯⋯⋯⋯⋯⋯⋯⋯⋯⋯⋯⋯⋯⋯⋯ 135
培训项目2 培训与指导 ⋯⋯⋯⋯⋯⋯⋯⋯⋯⋯⋯⋯⋯⋯⋯⋯⋯⋯⋯ 140
   培训单元1 培训 ⋯⋯⋯⋯⋯⋯⋯⋯⋯⋯⋯⋯⋯⋯⋯⋯⋯⋯⋯⋯⋯⋯ 140
   培训单元2 指导 ⋯⋯⋯⋯⋯⋯⋯⋯⋯⋯⋯⋯⋯⋯⋯⋯⋯⋯⋯⋯⋯⋯ 144

附表 《陶瓷原料准备工（二级 一级）》内容结构表 ⋯⋯⋯⋯⋯⋯⋯⋯ 149

职业模块 ①

料制备

内容结构图

培训项目 1 配料

培训单元 1　配料的异常与调整

1. 能发现配料异常问题。
2. 能根据生产情况提出配方调整建议。

一、配料异常问题的类型

进行配料时，有时会出现配料异常问题，如原料质量不准确、原料使用错误、原料品质异常、出现异物等。配料异常会直接影响坯釉料和产品的性能，因此，出现配料异常问题时应分析原因，及时找到解决办法。陶瓷生产中配料异常问题的类型见表1-1。

表1-1　陶瓷生产中配料异常问题的类型

序号	配料异常问题的类型	原因分析	解决办法
1	原料质量不准确	（1）电子秤出现故障、没有及时校准电子秤、电子秤量程不匹配、电子秤电量不足或未水平放置	（1）加强和规范电子秤的管理，定期对电子秤进行维护保养，在称料前对电子秤进行自检和复检，确认检定合格后再使用

续表

序号	配料异常问题的类型	原因分析	解决办法
1	原料质量不准确	（2）配料人员读数错误或示数未稳定就读数，未进行去皮操作，称量后原料被碰洒但未重新称量 （3）配料人员配料后未经其他人员复核 （4）遇到账物不符时，配料人员故意抹平账目而多称或少称 （5）称量原料前，预打印原料标签，标签上的质量与实际称量值不一致	（2）对配料人员进行岗位培训，现场发现问题时应督促其整改。配料人员应根据现场实际情况进行自查，即每次配料结束后复核总质量 （3）安排人员对配料结果进行复核与确认 （4）账物不符时不可人为平账。每天应对所用原料至少进行一次盘料并记录 （5）当在现场不能即时打印原料标签时可以将其预打印出来，但应在"质量"处留白，称量时现场手写
2	原料使用错误	（1）下发新配方单后，未对老配方单进行回收、销毁，用错配方单 （2）对于某些外观及名称相似的原料，未进行有效识别，贴错原料标签 （3）两种及以上产品同时生产且配方相似，配料计算错误	（1）完善配方及工艺等核心文件的传递流程，定期开展专项检查并记录 （2）相似原料应在不同区域分开配料，且使用前应对其仔细核对 （3）做好生产计划安排，尽可能避开相似配方产品的同时生产，使用配方单配料时应经多方确认
3	原料品质异常	（1）原料库的储存条件不符合要求，原料品质发生变化 （2）配料时领到原料后未及时使用，未对余料进行有效防护 （3）未对配料工具进行有效清洗 （4）连续配料或同一区域配多种原料时，存在粉尘交叉污染 （5）使用过期原料	（1）原料库应满足一定的储存条件，不满足时应做相应调整。如果原料品质已经发生变化，则应停止使用该原料 （2）配料人员在领到原料后应及时使用，余料或生产计划有变时的原料应及时送回原料库。若需要暂存原料，应对其做好防护 （3）配料工具应严格执行清洗制度，更换原料时应再次进行清洗 （4）粉状原料应分区域配置，防止粉尘交叉污染 （5）库房人员、配料人员应定期盘点在库原料品质，及时停止使用品质异常的原料
4	出现异物	（1）原料入库时就存在异物，配料时未能将异物挑拣出去 （2）电子秤锈迹、设备零部件等脱落、混入原料 （3）配料人员个人卫生不到位，在配料时带入异物	（1）原料经检验合格后才可入库。使用原料时应仔细检查，增强异物挑拣意识 （2）电子秤生锈时应更换新秤，同时完善设备零部件点检制度 （3）加强对员工进行卫生培训，相关检查人员应做好督查工作，督促违规配料人员整改个人卫生问题

二、配方调整的原则与适用情况

1. 配方调整的原则

进行配方调整时，通常遵循以下原则。

（1）配方调整必须满足产品质量要求。

（2）配方调整必须符合坯釉料工艺性能要求。

（3）配方调整应保证生产过程易于控制和管理，新配方应便于配料操作且适应企业生产工艺条件。

（4）应确保新配方简单、经济、合理。

2. 配方调整的适用情况

在陶瓷生产过程中，出现以下情况时通常要进行配方调整。

（1）当原料矿点转移或供应商发生变化，原料的化学组成、矿物组成、颗粒组成、含水率等发生变化时，必须进行配方调整。

（2）当原料的种类发生变化，如某种原料缺货或断货，或某种原料的用量不能满足生产要求，或某种原料的成本较高需要采用另一种原料代替时，必须进行配方调整。

（3）当生产工艺条件发生变化，如存在生产设备更新、生产工艺调整、工艺参数变更等情况，以及原料不适应新的生产工艺条件时，必须进行配方调整。

（4）当产品的内在性能、外观性能、使用条件等发生变化时，必须进行配方调整。

进行配方调整时，所采用的颜料配方要适应釉料的使用，釉料配方要适应坯料的使用，坯料配方要适应生产工艺条件。在配方调整过程中，还可以设定某些原料的保证用量和限定用量。

培训单元 2　陶瓷坯料配方设计

1. 能进行陶瓷坯料配方的设计。
2. 能进行新型陶瓷坯料配方的开发与试验。

一、陶瓷坯料配方设计的原则与步骤

1. 陶瓷坯料配方设计原则

陶瓷生产所用的原料种类繁多，它们在化学组成、矿物组成及工艺性能上有很大的差别。由于企业的技术、设备、管理水平不同，以及陶瓷产品的性能指标受多种因素影响，因此不同企业的陶瓷坯料配方有一定的差异。设计陶瓷坯料配方时，应遵循以下基本原则。

（1）化学组成要满足陶瓷制品的性能要求。对原料从化学组成上进行充分的分析和性能比较，找出各原料的性能特点，判断其是否具备或接近制品所需的性能。

（2）所用原料的性能和配比要满足生产工艺及产品物理性能的要求。例如，原料的纯度、成型性能、烧成性能、烧后色泽、烧后的强度和透明性、热稳定性等性能，应能满足产品的物理性能要求。

（3）充分考虑企业现有规模和生产条件。设计陶瓷坯料配方时，应在现有的制备、成型和烧成条件下考察其工艺参数。新配方的使用尽可能不对现有生产工艺进行较大调整，且无须投入大量资金购买设备与进行技术改造。

（4）充分考虑经济上的合理性。对原料要就地取材、量材使用、宁近毋远、物尽其用。

2. 陶瓷坯料配方设计步骤

在设计陶瓷坯料配方时，通常借助成功经验，进行理论分析和计算，采用科学试验方法，以获得较好的配方。

（1）产品需求分析。了解产品的性能要求，掌握产品的性能特点，以便很快地确定瓷坯的化学组成，并确定需要引入的特殊成分物质。

（2）原料性能分析。分析和测定原料的性能，主要包括原料的化学组成、可塑性、结合性、烧成性能、烧后白度、收缩程度等，以便确定原料的选用。

（3）工艺条件分析。了解现有生产设备和生产条件，以便确定生产工艺条件和生产方法。

（4）确定基础配方。在考虑各方面条件的基础上，选择原料确定基础配方。可根据化学组成或坯式，按组成满足法初步计算原料的比例，确定基础配方。或参照现有配方，根据新配方要求进行比较调整，确定基础配方。

（5）形成系列配方。在基础配方确定后，根据产品要求综合调整各原料的加入量，形成系列配方，以便进行试验比较。

（6）进行配方试验和改进试验。根据配方确定工艺条件、烧成制度等，制定合适的生产方案，进行小型工艺试验。通过进行产品性能检测和质量评价，选择较好的配方进行改进试验。

（7）确定生产配方。在上述试验的基础上，对较好的配方反复进行配方试验和改进试验，最终将稳定、成熟的配方作为生产配方投入使用。

二、陶瓷坯料的类型

陶瓷坯料一般以黏土为主要原料。根据所用熔剂原料的不同，常将陶瓷坯料分为长石质瓷、绢云母质瓷、骨质瓷、镁质瓷等。

1. 长石质瓷

长石质瓷是指以长石作为熔剂，利用长石在较低温度下熔融形成高黏度玻璃相的特性，将长石、石英、黏土按比例配成坯料，在一定温度范围内烧成的"长石－石英－高岭土"三组分系统瓷。

随着长石质瓷的配料组分比例及生产工艺发生变化，其烧成温度也在较宽范围内变化。一般将长石质瓷配成在 1 150～1 450 ℃温度范围内烧成各类瓷器。我国长石质瓷的烧成温度一般为 1 250～1 350 ℃。

长石质瓷的瓷胎由残余石英、莫来石、玻璃相、半安定方石英构成，色白，薄片是半透明的，断面致密呈贝壳状，不透气，吸水率低，瓷质坚硬，机械强度高，化学稳定性好。它适合用来制作餐具、茶具、装饰艺术陈设瓷等。

我国各地长石质瓷坯料的化学组成一般在以下范围内变动：SiO_2 在 60%～75%，Al_2O_3 在 19%～25%，R_2O 和 RO 在 4%～6.5%（其中，KNaO 应不低于 2.5%）。陶瓷坯料的化学组成与烧成温度有密切关系，两者互相制约。烧成温度较高的长石质瓷，其化学组成中的 Al_2O_3 含量较高、SiO_2 含量较低；烧成温度较低的长石质瓷，其化学组成中的 Al_2O_3 含量较低、SiO_2 含量较高。

我国长石质瓷的示性矿物组成范围一般为长石 25%～30%、石英 25%～35%、黏土矿物 40%～50%。

2. 绢云母质瓷

绢云母质瓷以瓷石和高岭土为主要原料。它利用瓷石中绢云母熔融后形成高黏度玻璃的性质和瓷石本身含有石英的特点，按一定比例加入高岭土配成坯料，在一定温度范围内烧成成瓷。

传统绢云母质瓷随着瓷石和高岭土用量的比例不同，其烧成温度在1 250~1 450 ℃范围内变化。其中，高岭土含量越高，烧成温度越高，烧成温度范围越宽。在实际生产中，绢云母质瓷大多在1 350 ℃以下烧成，其瓷胎也由残余石英、莫来石、玻璃相、半安定方石英构成。绢云母质瓷除了具有长石质瓷的一般特点外，还具有较高的透明度，由于多采用还原焰烧成，外观呈现"白里泛青"的特点。

绢云母质瓷的示性矿物组成为绢云母30%~50%、石英15%~25%、高岭石20%~50%、其他矿物5%~10%。其中，绢云母与长石一样，起熔剂的作用。

考虑到不同瓷石原料在性能上有所差别，在生产中一般采用多种瓷石或瓷土加多种高岭土，再引入少量长石原料的坯料组成方式，各原料的实际用量通过试验来确定。绢云母质瓷的配料比例为瓷石70%~30%、高岭土30%~70%。注意，在绢云母质瓷中，长石属于杂质矿物。

绢云母质瓷成瓷后的外观色调比长石质瓷要好，但内在质量无较大差别。

3. 骨质瓷

骨质瓷是以磷酸钙为熔剂的磷酸盐–高岭土–石英–长石系统瓷。骨质瓷一般为二次烧成：第一次为高温素烧，烧成温度为1 200~1 250 ℃；第二次为釉烧，烧成温度为1 100~1 150 ℃。烧成后的瓷胎主要由钙长石、莫来石、磷酸三钙、残余石英、玻璃相构成。骨质瓷白度高、透明度高、瓷质软、光泽柔和，但脆性较大、热稳定性较差、烧成温度范围较窄，烧成时较难控制。

骨质瓷中的玻璃相质量分数可在20%以下，而且各相之间的折射率之差很小，如玻璃相折射率是1.56、钙长石折射率是1.58、磷酸三钙折射率是1.59~1.62。因此，其产品对光的散射程度较小，透明度较高且柔和，具有理想的装饰效果。

骨质瓷坯料的原料配比范围一般为骨灰20%~60%、长石8%~22%、高岭土25%~45%、石英9%~20%。

4. 镁质瓷

镁质瓷以滑石为主要原料，其在白度、透明度、色调、吸水率、机械强度、热稳定性等方面的性能超过一般的细瓷，因而适合用来制作精细的日用器皿和工艺美术瓷。普通镁质瓷的白度在85度以上、吸水率在0.27%~0.36%。

镁质瓷配方中主要有滑石、长石和少量黏土。其坯料配方组成为烧滑石 45%～50%、长石18%～22%、黏土30%～37%，其中，高可塑性黏土在4%～6%。其烧成温度范围为1 220～1 280 ℃，烧成温度范围较窄。

三、陶瓷坯料配方计算方法

1. 示性矿物组成计算方法

在已知陶瓷坯料的化学组成进行配方计算时，为了了解这种组成对应的工艺性能及特点，往往还要了解陶瓷坯料的示性矿物组成，从而利用具有相应性能的原料进行配方设计。

计算陶瓷坯料的示性矿物组成，首先应该确定瓷种及该瓷种所具有的示性矿物种类。其次，对已知的示性矿物组成进行合理的分析，舍去确认是杂质的微量成分，再用所确定的不同示性矿物由繁到简地逐项满足陶瓷坯料的各项组成。

2. 化学组成计算方法

陶瓷坯料一般是由数种原料配制而成的，因此，必须根据产品的性能要求来考虑各种原料的组成和性质，并结合具体的工艺条件进行陶瓷坯料的配制。在配制过程中，陶瓷坯料配方的设计和计算是非常重要的工作。在已经掌握所选用原料的化学组成的基础上，可以通过计算来调整各种原料的用量，使之符合陶瓷坯料的化学组成要求。

计算时，结合产品的性能和化学组成以及所用原料的性能与化学组成，根据生产经验可以先确定一两种原料的用量，再确定化学组成中某种氧化物主要由哪种原料提供，然后逐项计算每种原料的用量，以满足陶瓷坯料的化学组成。这种计算方法不仅能满足陶瓷坯料的化学组成，还能在一定程度上满足烧成工艺性能要求。另外，所用原料在某种程度上还应满足陶瓷坯料的成型性能要求。当然，由于原料的种类、性能和产地各不相同，因此最终要通过工艺试验来调整和确定配方。化学组成计算方法的具体要求如下。

（1）根据产品性能和生产经验，拟定配方的化学组成。对于无灼减的陶瓷坯料化学组成，在计算时应先将所用原料的化学组成换算成无灼减的，然后进行配方计算，最后将计算结果再相应地换算成有灼减的。对于有灼减的陶瓷坯料化学组成，在计算时可直接用有灼减的原料化学组成。

（2）为了满足拟定配方的化学组成，整个计算过程应采用列表的方式进行。

（3）在计算过程中，自始至终应遵循由繁到简、逐项满足的原则。

 **小贴士**

实际进行配料时，可以根据原料的含水率情况换算出湿基配方，以便进行配料、称料的操作。

3. 矿物组成计算方法

如果已知某坯料的矿物组成要求和所用原料的示性矿物组成，则可以采用矿物组成逐项满足的方法计算配方。由于原料的示性矿物组成复杂，示性分析结果并不十分准确，因此在生产中较少应用这种方法。其计算步骤如下。

（1）将已知原料的化学组成换算成示性矿物组成。

（2）先用黏土原料所含的黏土矿物满足坯料的黏土矿物组成要求，并计算黏土原料的用量。

（3）计算黏土原料所带入的长石、石英等其他矿物的量，将其从坯料相应矿物组成的总量中分别扣除，再逐项满足长石、石英等其他矿物的组成要求。

4. 实验式计算方法

采用实验式表示陶瓷坯料组成是研究人员经常采用的方法。当已知所用原料的实验式时，可以采用逐项满足坯料实验式中各氧化物物质的量的方法来计算该坯料的配方组成。虽然用这种方法能满足化学组成的要求，但难以满足坯料的工艺性能要求。其计算步骤如下。

（1）将已知原料的化学组成换算成实验式。在换算过程中，需要对所用原料进行充分的分析，以确定所用原料在组成上的繁和简。同时，需要对所用原料的性能做出合理的判断，以使各原料的实验式与其纯原料（舍去杂质）实验式相对应。

（2）用原料的实验式按由繁到简、逐项满足的原则进行计算。

四、陶瓷坯料配方的开发与试验

由于原料成分多变、工艺制度不稳定等影响因素太多，因此对配方的预期效果并没有确定把握。但是，根据理论计算或凭经验摸索，经过多次试验，可以在既定的各种条件下找到成功配方。

根据产品性能要求选用原料、确定配方，是常用的配方开发方法之一。例如，生产日用瓷必须选用烧后呈白色的原料，包括黏土原料，同时要求原料具有一定的强度；生产化学瓷则要求原料具有较好的化学稳定性；生产陶瓷砖则要求原料具有较好的耐磨性和较差的吸水性；生产电瓷则要求原料具有较好的介电性能；生产热电偶保护管则要求原料必须能耐高温、抗热震并具有较好的传热性；生产火花塞瓷件则要求原料具有较大的高温电阻、较高的耐冲击强度和极低的热膨胀系数。

选择原料、确定配方时既要考虑产品性能，又要考虑工艺性能及经济指标。开发陶瓷坯料配方所采用的试验方法主要有孤立变量法、三轴图法、示性分析法和正交试验法。

1. 孤立变量法

孤立变量法是指变动坯料中一种原料或一种成分，其余原料或成分均保持不变。例如 A、B、C 三种原料，固定 A、B 变动 C，或固定 B、C 变动 A，或固定 A、C 变动 B，最后找出一个最佳配方。

2. 三轴图法

如图 1-1 所示为黏土–长石–石英三轴图，图中共有 66 个交点和 100 个小三角形。其中，由三种原料组成的交点有 36 个，由两种原料组成的交点有 27 个，由一种原料组成的交点有 3 个。进行某坯料的配方开发时，先确定所选用各原料的适当范围，即初步确定三轴图的几个配方点（配方点可以在交点上，也可以在小三角形内）。例如，图中 A 配方点含长石 50%、石英 20%、黏土 30%，B 配方点含长石 30%、石英 30%、黏土 40%，C 配方点含长石 10%、石英 40%、黏土 50%。先按照配方点组成进行配料再制成试样，测定其特性，进行比较后择优采用。

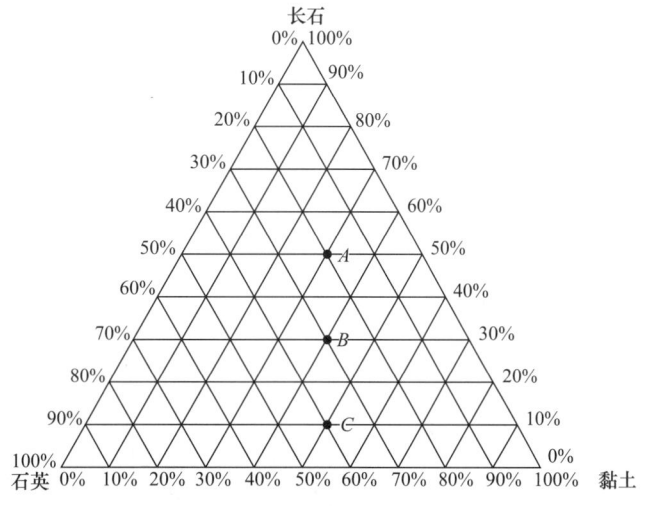

图 1-1　黏土–长石–石英三轴图

三轴图不限于黏土、长石、石英三种组成，凡采用三种原料进行配料、做试验的均可利用此图。例如，某坯料配方含长石30%、石英20%、黏土50%，而黏土又是由高岭土、高可塑性黏土和低可塑性黏土三种黏土调配而成的，则可绘制三种黏土三轴图，在此图上选定数点做试验以求出高岭土、高可塑性黏土和低可塑性黏土的最佳配比。

3. 示性分析法

从配料的化学成分和矿物组成出发进行理论配比的计算与试验。例如，高岭土中常含有长石及石英的混合物，长石中常含有石英，瓷石中常含有长石、石英、高岭石、绢云母等。当配方中的高岭土是指纯净的高岭石，且配方中的长石、石英是指极纯的长石、石英时，最好通过示性分析法测定各原料内高岭石、长石、石英的含量，以便开发配方时进行计算。

4. 正交试验法

正交试验法又称多因素筛选法、多因素优选法等。试验前借助正交表科学地安排试验方案，试验后通过表格运算和分析试验结果，就能以较少的试验次数找出最佳的陶瓷坯料配方。具体方法如下。

（1）挑因素、选水平，确定因素与水平表。因素即试验中所要考虑的各种条件，如黏土、长石、石英的种类等。各种因素对试验结果都可能产生影响，如不加挑选，因素越多则试验次数越多，所以要在多种因素中挑出主要因素。水平即每个因素的不同状态，如不同的黏土用量范围、长石用量范围、石英用量范围等。每个因素要选多少个水平，要根据生产和试验目的来确定。

（2）选择合适的正交表。根据挑选的因素数及水平数，选择合适的正交表。利用"均衡分散性"和"整齐可比性"这两条正交性原理，从大量试验点中挑选典型试验点，排成特定表格，这种表格就是正交表。

正交表通常用L来表示，不同因素和水平的正交表有不同的表示数值。例如，$L_9(3^4)$表示可以最多安排4个因素，每个因素有3种水平，共进行9次试验的正交表。

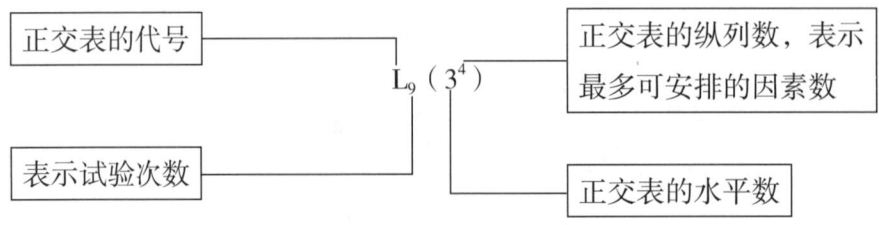

$L_9(3^4)$ 正交表的因素数与水平数见表 1-2。配方试验中的因素可以是原料种类、工艺参数等，水平是各因素的变化范围。

表 1-2　$L_9(3^4)$ 正交表的因素数与水平数

试验号	因素数 / 个			
	1	2	3	4
	水平数 / 个			
1	1	1	1	1
2	1	2	2	2
3	1	3	3	3
4	2	1	2	3
5	2	2	3	1
6	2	3	1	2
7	3	1	3	2
8	3	2	1	3
9	3	3	2	1

（3）制定试验方案。根据试验目的确定要考察的因素。如果对事物变化规律了解不多，则可以多选取一些因素。如果对试验对象比较了解，则可以少选取一些因素。根据因素数与水平数的多少、试验条件的难易，综合各方面情况选择合适的正交表。有了合适的正交表，把选取的因素数与水平数分别写入正交表中，试验方案就制定好了。

陶瓷坯料配方的开发

一、操作步骤

1. 根据产品性能要求确定所选用的原料，这些原料的化学成分、矿物组成及工艺性能一般是已知的，否则要进行分析测定。

2. 从三轴图上选取 6~10 个配方点，将这些配方点的原料组成百分比计算出来列成表格。

3. 按三轴图上配方原料的百分比称取投料量，确定料球水的比例，将原料进行球磨。

4. 待原料符合细度要求后将其取出，对其进行搅拌、除铁、脱水处理。

5. 将上一步获得的泥料进行真空练泥后制成符合要求的塑性泥料，再陈腐备用。如果因投料量太少而不方便压滤，则可以利用布袋或石膏模型除去泥浆中的水分。

6. 用手进行揉练，进一步除去泥料中的空气并使水分均匀分布，制成5根 10 mm×10 mm×120 mm 的试条和3块 8 mm×50 mm×50 mm 的试块。

7. 将试条、试块阴干后用 CoO 浆料编号，经干燥处理后检查其干燥效果（有无开裂、收缩、变形等情况）；将试条、试块入炉（窑）烧成，测定其吸水率、收缩率和抗折强度，观察其断面情况，分析后确定最佳试条或试块，其配方可作为最终开发配方。

二、注意事项

1. 称料时要称准确。

2. 确定配方点之前要做必要的调查研究，以使初步确定的配方具有一定的合理性。

3. 选定的各坯料配方应在同一工艺条件（如球磨时间、烧成制度等）下进行试验，这样才有比较意义。

4. 进行陶瓷坯料配方开发时的计算数据，包括化学组成、示性矿物组成、坯式等，应进行记录。

培训单元3　陶瓷釉料配方设计

1. 能进行陶瓷釉料配方的设计。
2. 能进行新型陶瓷釉料配方的开发与试验。

知识要求

一、陶瓷釉料配方设计的原则与方法

确定一种陶瓷釉料配方的过程，是对适应某种陶瓷坯料的釉料进行研究的过程。由于陶瓷釉料不能脱离坯体单独存在，因此在研究陶瓷釉料时，总是以改变釉料的成分来适应坯体，而不是以改变坯体的成分来适应釉料。

1. 陶瓷釉料配方设计原则

陶瓷釉料配方的合理性对获得优质釉层是极其重要的，在设计陶瓷釉料配方时需要遵循以下原则。

（1）根据坯体的烧结性能来调节釉料的熔融性能。通常要求釉料具有较高的始熔温度，以保证坯体内残余气体顺利排出，避免釉泡、针孔等缺陷的产生。同时，要求釉料具有较宽的熔融温度范围（一般温度差不小于30 ℃），并且釉料的成熟温度低于或接近于坯体的烧成温度。在此温度范围内，熔融状态的釉料能均匀铺展于坯体表面，冷却后能形成平整、光滑的釉面。

（2）坯、釉的膨胀系数相适应。釉层不仅应能有效防止龟裂发生，而且应具有较好的热稳定性并能抵御外部应力。因此，通常要求釉的膨胀系数略低于坯料的膨胀系数，两者相差的程度取决于坯、釉的种类和性质。

（3）坯、釉的化学性质相适应。釉的组成波动范围较大，为了保证坯、釉紧密结合并形成良好的中间层，两者的化学性质应既相近又具有一定区别，一般通过坯、釉的酸度系数 C·A 来控制。细瓷坯酸度系数 C·A=1～2，硬瓷釉酸度系数 C·A=1.8～2.5，软瓷釉酸度系数 C·A=1.4～1.6。

（4）坯、釉的弹性模量相匹配。坯、釉结合状况与釉的弹性及抗张强度有关。通常情况下，既要求釉质地坚硬，使用时难以磨损，具有较高的抗张强度；又要求它具有与坯相匹配的弹性模量。通常釉的弹性模量略小于坯的弹性模量。

（5）合理选用原料。釉用原料种类较多，既有天然矿物原料，又有化工原料，它们的性能差异较大。原料选用是否合理，不仅影响釉浆的使用性能和釉料成本，而且影响釉面质量。因此，在选择原料时既要考虑釉料的化学组成，又要考虑原料本身的化学组成、工艺特性、物理性质和加热变化情况，还要考虑成本及资源利用情况。

2. 陶瓷釉料配方设计方法

（1）掌握必要的资料

1）掌握陶瓷坯料的化学与物理性质，如化学组成、膨胀系数、烧结温度、烧结温度范围及气氛等。

2）明确釉料本身应达到的性能要求（如白度、光泽度、透光度、化学稳定性）及产品的性能要求（如机械强度、热稳定性、耐酸碱性、釉面硬度等）。

3）制釉原料的化学组成、纯度、工艺性能，以及釉料制备的工艺条件。

（2）拟定陶瓷釉料配方组成。拟定陶瓷釉料配方组成常采用以下三种方法。

1）借助成功的经验配方进行理论上的调整。成功的釉料配方可用化学组成质量分数或实验式来表示，调整时，以变化的化学组成质量分数、实验式中某氧化物物质的量或者某两种氧化物物质的量之比来配成一系列的釉料，然后通过制备、烧成并测定它们的物理性质，最终找到符合要求的配方。

2）利用釉料组成-釉成熟温度图与有效经验进行配方调整。将不同成熟温度的釉料组成，按实验式的格式要求统计好。在碱性氧化物的物质的量之和等于1的情况下，无论碱性组分的种类如何改变，釉料的成熟温度总是随着Al_2O_3和SiO_2含量的增加而提高，而且在Al_2O_3含量缓慢增加的同时，SiO_2含量则以较大幅度在增加。根据此图可以拟定釉料配方。

3）参考测温锥标准成分确定配方。当测温锥达到标定温度时，锥体弯倒，锥顶尖触及底盘。参照测温锥组成设计釉料配方，应选择比烧成温度低4~5个锥号的测温锥化学组成作为计算依据。这种方法适用于长石釉、高温瓷釉及熔块釉配方的设计。

3. 进行配方试验

根据拟定的配方组成选用原料进行配方试验。在保证获得理想效果的前提下，尽可能减少试验次数，以降低费用、缩短时间，提高试验的科学性和准确性。最后对试验结果进行测定、分析，找出符合要求的最佳配方。所优选配方应经过小试、中试的全面考查和调整，在确认符合设计要求后再投入生产。

二、陶瓷釉料配方的类型

1. 按外观形态分类

陶瓷釉料根据其外观形态可分为透明釉、乳浊釉、颜色釉、花釉、艺术釉等。

（1）透明釉。透明釉是指不存在明显乳浊相或含较多结晶相的玻璃质釉。其生产成本较低、烧成范围较宽，但不能遮盖坯体颜色。

（2）乳浊釉。乳浊釉的化学组成中或引入 SnO_2、ZrO_2、$ZrSiO_4$、TiO_2 等乳浊相成分，或同时引入含磷、氟、锌等元素的乳浊相成分，使入射光发生散射，从而遮盖坯体原有颜色。目前使用较多的乳浊剂为超细锆英石。

（3）颜色釉。颜色釉是指在透明釉或乳浊釉中加入高温陶瓷颜料而呈现一定色彩的光泽釉。由于釉料组成不同，烧成温度和气氛也不同，因此颜色釉可以呈现多种多样的色泽。

（4）花釉。花釉是指釉面上同时出现两种或两种以上颜色，且颜色自然交混融合的复色釉。可以在器物上同时施两种或两种以上不同颜色的釉（多层花釉或复层花釉），使釉面形成绚丽多彩的纹样；也可以只施一种釉（单层花釉或分相花釉），由于受烧成温度、气氛的影响，釉浆的流动方向、速度不同，釉面会呈现两种以上的相异颜色，形成具有斑点、条纹等纹理变化的自然装饰效果。

（5）艺术釉。提高陶瓷釉面装饰效果的釉均可称为艺术釉，如无光釉、结晶釉、裂纹釉等。

2. 按制备方法分类

陶瓷釉料根据其制备方法可分为生料釉、熔块釉和挥发釉。后文将重点介绍生料釉、熔块釉的配方计算方法。

（1）生料釉。生料釉是指将制作釉料所需的所有原料直接按配方配料，经粉碎、球磨得到的釉料。与熔块釉相比，生料釉制备工艺简单、操作方便、成本低廉，但水溶性原料不适用于配制生料釉。日用陶瓷生料釉主要有长石釉和石灰釉。

长石釉属于高温釉、透明釉，主要原料有长石、石英、高岭土。长石釉的特点是硬度大、光泽度较好，呈柔和的乳白色，但膨胀系数大、易产生裂釉。长石釉多用于制作瓷器和硬质精陶等制品。

石灰釉的主要原料有釉灰和釉果，以石灰石为主要熔剂（CaO 质量分数大于 8%）。石灰釉的特点是硬度大、光泽度好、透明度高，但熔融温度范围较窄、高温流动性较大，在还原气氛下烧成时易引起烟熏。石灰釉多用于制作釉下彩装饰制品。

（2）熔块釉。为了防止水溶性原料（如硼砂，硼釉主要原料）和某些有毒原料（如铅釉中的 PbO 等）在制备釉浆时溶入水中，一般先将它们与其他无机原料按一定配比混合，经高温熔融成熔块，再细磨形成熔块釉。细磨熔块釉时，通常将其与一定量的可塑性黏土混合，这样制成的釉浆具有较稳定的悬浮性，对坯体的黏着性较好。制作颜色釉时可将着色剂放入熔块中预先熔融，使它在釉中的分布更为均匀。熔块釉的特点是釉面光滑、针孔较少。熔块釉多用于制作软质瓷制品（如骨瓷、滑石瓷等）和釉面砖、卫生陶瓷等。

（3）挥发釉。挥发釉又称盐釉，使用这种釉无须制备釉浆。当坯体烧成至高温状态时，向窑炉燃烧室内投放钠盐、锌盐等使其产生挥发物，这类挥发物与坯体表面发生化学反应会形成一层光亮的釉层，这种釉层就是挥发釉。挥发釉的特点是釉层薄且坚实，与坯体结合紧密，耐酸耐碱且热稳定性好。挥发釉多用于制作化工陶瓷制品。

三、陶瓷釉料配方计算方法

陶瓷釉料所用原料一般为较纯的矿物原料或工业生产的化工原料。为了简化计算过程，通常使用原料的理论组成。

1. 生料釉配方计算方法

生料釉配方计算方法与坯料配方计算方法基本一致，但在选用原料时，不宜使用可溶性原料。其原因如下：坯体在施釉过程中能吸收可溶性原料，如果可溶性原料含有 Na_2CO_3，那么坯体还会被软化，同时釉层中这种成分减少会提高熔融温度，使坯、釉组成受到影响；干燥时，被坯体吸收的可溶性原料在毛细管力作用下逐渐聚集在釉面浓缩，使釉组分不能均匀分布而产生缺陷；釉中若含有可溶性成分，则会溶解着色氧化物，使着色氧化物不能均匀分布而影响色泽。

配釉时每种原料应至少能提供一种氧化物，当采用能提供两种及以上氧化物的原料时（如长石、黏土等），应在提供一种氧化物的同时不使其他氧化物超过所需要的量。为了提高釉浆的悬浮性和结合强度，增加釉的附着性，釉式中 $0.05 \sim 0.10$ mol 的 Al_2O_3 可由生黏土引入，其余的 Al_2O_3 则由煅烧黏土提供，用煅烧黏土部分代替生黏土可防止釉在干燥或烧成初期发生龟裂。

2. 熔块釉配方计算方法

计算熔块釉配方时，首先要掌握熔块的配制规则，以保证熔融反应的充分进行和熔后质量的稳定。熔块的配制规则具体如下。

（1）所有水溶性原料、有毒原料、密度特别大的原料都要熔融成熔块。

（2）熔块中酸性氧化物与碱性氧化物的物质的量之比宜为（1~3）:1，以确保熔块具有一定的形成能力和适宜的熔融温度。

（3）熔块中 Al_2O_3 与碱性氧化物的物质的量之比应小于 0.2。Al_2O_3 能显著增大熔体黏度，但若引入量过多，则会影响熔块的正常熔融和均化。

（4）熔块中若含有 B_2O_3，则 SiO_2 与 B_2O_3 的物质的量之比必须大于 2。因为硼酸盐玻璃的水溶性较强，只有将部分组分固溶于 SiO_2 结构网络中，才能保证其具有化学稳定性。

（5）熔块中 R_2O 与 RO 的物质的量之比应小于 1。因为 R_2O-SiO_2 玻璃的水溶性极强，只有加入 RO 才能形成结构紧凑、化学性质稳定的复合硅酸盐玻璃，使熔块达到使用要求。

四、陶瓷釉料配方的开发与试验

釉层是附着在坯体上的，釉层的酸碱性质、膨胀系数和成熟温度必须与坯体的酸碱性质、膨胀系数和烧成温度相适应。坯料的化学性质和烧成温度，釉料的性能要求、釉料原料的化学成分、釉料的工艺性能等是釉料配方的开发依据。通常参考测温锥的标准成分或借助成功经验进行配方试验。

进行釉料配方试验时常采用孤立变量法、四角配料法、三角配料法和正交试验法。

1. 孤立变量法——变更釉料的一个组分

孤立变量法是开发釉料配方的常用方法之一。例如，令 RO 与 R_2O 的系数之和不变，或令 RO 与 R_2O 的系数之和为 1，而变动 R_2O_3 或 RO_2 的系数，或 R_2O_3 和 RO_2 的系数同时变动，则釉式中碱性、中性、酸性三类氧化物的相对含量实际上已经发生变化。

例如，初步拟定 1 000 ℃烧成的釉料配方如下：

$$\left.\begin{array}{l} 0.1Na_2O \\ 0.3CaO \\ 0.6PbO \end{array}\right\} 0.2Al_2O_3 \cdot 1.6SiO_2$$

调节坯釉适应性时可调整 SiO_2 的系数为 1.6±0.2，从而得到以下两种配方（A 和 B）：

$$\left.\begin{array}{l} 0.1Na_2O \\ 0.3CaO \\ 0.6PbO \end{array}\right\} 0.2Al_2O_3 \cdot 1.4SiO_2 \qquad \left.\begin{array}{l} 0.1Na_2O \\ 0.3CaO \\ 0.6PbO \end{array}\right\} 0.2Al_2O_3 \cdot 1.8SiO_2$$

$$\text{A} \qquad\qquad\qquad \text{B}$$

可以分别将配方 A 和 B 制成等细度、等密度的两种釉料，然后将两种釉料按一定比例调制成一组只有 SiO_2 系数不同的釉料。孤立变量法配制釉料示意图如图 1-2 所示。将 9 种釉料涂在同一种坯料试片上，置于 1 000 ℃下试烧、优选。

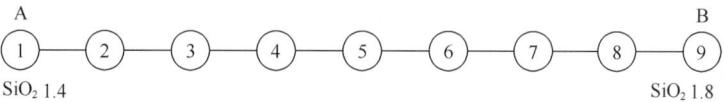

图 1-2 孤立变量法配制釉料示意图

9 种釉料的 SiO_2 系数可根据杠杆规则计算得到。例如，$1^\#$ 配方，100%A，SiO_2 1.4；$2^\#$ 配方，87.5%A+12.5%B，SiO_2 1.45；$5^\#$ 配方，50%A+50%B，SiO_2 1.6；$7^\#$ 配方，25%A+75%B，SiO_2 1.7；$9^\#$ 配方，100%B，SiO_2 1.8。

2. 四角配料法——变更釉料的两个组分

例如，初步拟定 1 300 ℃烧成的釉料配方如下：

$$\left.\begin{array}{l}0.3K_2O\\0.7CaO\end{array}\right\}1.5Al_2O_3 \cdot 8.0SiO_2$$

可以通过改变 SiO_2 和 Al_2O_3 的含量进行优选。其中，SiO_2（8.0±4），Al_2O_3（1.5±1）。4 种釉料配方（A、B、C、D）的釉式如下：

$$\left.\begin{array}{l}0.3K_2O\\0.7CaO\end{array}\right\}0.5Al_2O_3 \cdot 4.0SiO_2$$
A

$$\left.\begin{array}{l}0.3K_2O\\0.7CaO\end{array}\right\}0.5Al_2O_3 \cdot 12.0SiO_2$$
B

$$\left.\begin{array}{l}0.3K_2O\\0.7CaO\end{array}\right\}2.5Al_2O_3 \cdot 4.0SiO_2$$
C

$$\left.\begin{array}{l}0.3K_2O\\0.7CaO\end{array}\right\}2.5Al_2O_3 \cdot 12.0SiO_2$$
D

按 A、B、C、D 4 种釉料配方进行配料，采用相同工艺制备成等密度、等细度的釉料。再按图 1-3 调配一组釉料（25 种）进行试烧、优选。

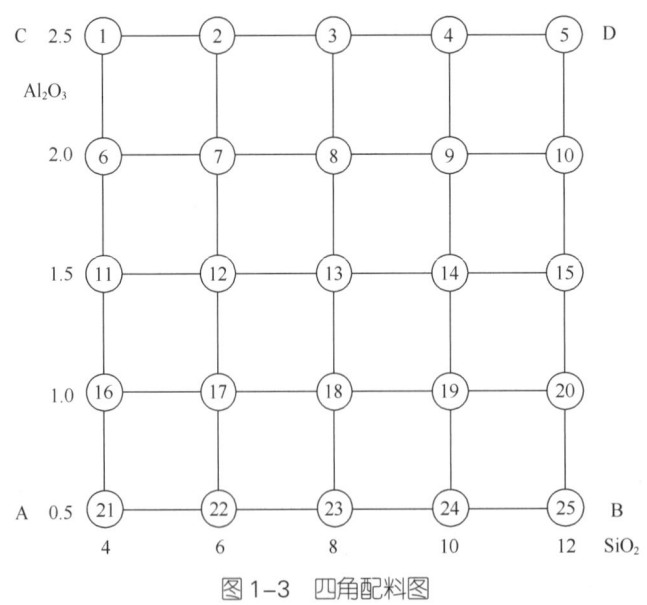

图 1-3 四角配料图

根据杠杆规则，下面以 3 个配方点组成的计算方法为例进行介绍。

$6^\#$ 配方组成：75%C+25%A。

釉式中 Al_2O_3 的系数：75%×2.5+25%×0.5=2.0。

釉式中 SiO_2 的系数：4.0。

$6^{\#}$ 配方釉式如下：

$$\left.\begin{array}{l}0.3K_2O\\0.7CaO\end{array}\right\}2.0Al_2O_3\cdot 4.0SiO_2$$

$10^{\#}$ 配方组成：75%D+25%B。

$10^{\#}$ 配方釉式如下：

$$\left.\begin{array}{l}0.3K_2O\\0.7CaO\end{array}\right\}2.0Al_2O_3\cdot 12.0SiO_2$$

$8^{\#}$ 配方组成：（50%×$6^{\#}$）+（50%×$10^{\#}$）。

$8^{\#}$ 配方釉式如下：

$$\left.\begin{array}{l}0.3K_2O\\0.7CaO\end{array}\right\}2.0Al_2O_3\cdot 8.0SiO_2$$

3. 三角配料法——变动釉料的三个组分

为了得到性能优异的釉料，通常需要同时调整三个组分。

例如，某基础釉料配方（A）如下：

$$A\left.\begin{array}{l}0.3K_2O\\0.7CaO\end{array}\right\}0.6Al_2O_3\cdot 3.8SiO_2$$

为了考察不同熔剂的作用效果，分别以 0.3 mol 的 BaO 和 MgO 取代 CaO，得到 B 和 C 两种釉料配方。

$$B\left.\begin{array}{l}0.3K_2O\\0.4CaO\\0.3BaO\end{array}\right\}0.6Al_2O_3\cdot 3.8SiO_2$$

$$C\left.\begin{array}{l}0.3K_2O\\0.4CaO\\0.3MgO\end{array}\right\}0.6Al_2O_3\cdot 3.8SiO_2$$

根据 A、B、C 三种釉料配方分别进行配料，采用相同工艺制备成等密度、等细度的釉料，再按图 1-4 进行调配，得到一组配方不同的釉料（15 个），进行试烧、优选。

具体点的配方计算方法举例如下。

$4^{\#}$ 配方由 50% 的 A 和 50% 的 B 组成，即 50%×A+50%×B，其釉式如下：

$$\left.\begin{array}{l}0.300K_2O\\0.550CaO\\0.150BaO\end{array}\right\}0.6Al_2O_3\cdot 3.8SiO_2$$

$5^{\#}$ 配方由 50% 的 $4^{\#}$ 配方和 50% 的 $6^{\#}$ 配方组成，即 50%×$4^{\#}$+50%×$6^{\#}$，其釉式如下：

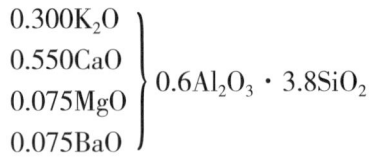

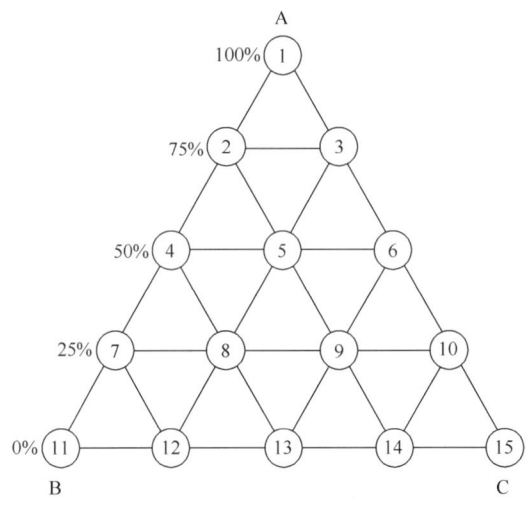

图 1-4 三角配料图

4. 正交试验法

正交试验法利用规格化的正交表来安排多因素优选试验方案。对 4 个以上的因素进行调整时，采用正交试验法可以减少试验次数，找到各因素之间的内在关系，获得最佳配方。

陶瓷釉料配方的开发

一、操作步骤

1. 按照下列釉式配制试验用釉料。

$$\left.\begin{array}{l}0.3K_2O \\ 0.7CaO\end{array}\right\}(0.7 \sim 1.0)Al_2O_3 \cdot (6 \sim 10)SiO_2$$

为了便于使用杠杆法则进行釉料配方的计算，现将上式进行图解，如图 1-5 所示。

在此试验中固定 $RO+R_2O$ 不变，而变动 Al_2O_3 和 SiO_2 的系数。以长石、石英、方解石、高岭土等原料配制釉料，原料中 MgO、Fe_2O_3 等的含量极微可略去不计。

2. 列出 1#、5#、16#、20# 配方的釉式，分别计算釉式的相对分子质量和配方用量。

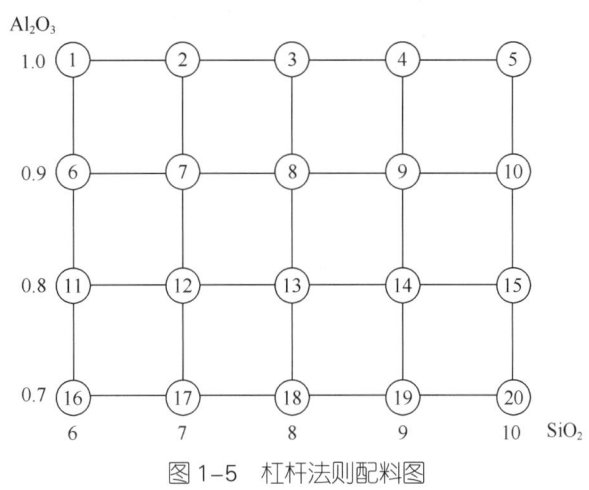

图 1-5　杠杆法则配料图

1# 配方如下：

$$\left.\begin{array}{l}0.3K_2O\\0.7CaO\end{array}\right\} 1.0Al_2O_3 \cdot 6SiO_2$$

5# 配方如下：

$$\left.\begin{array}{l}0.3K_2O\\0.7CaO\end{array}\right\} 1.0Al_2O_3 \cdot 10SiO_2$$

16# 配方如下：

$$\left.\begin{array}{l}0.3K_2O\\0.7CaO\end{array}\right\} 0.7Al_2O_3 \cdot 6SiO_2$$

20# 配方如下：

$$\left.\begin{array}{l}0.3K_2O\\0.7CaO\end{array}\right\} 0.7Al_2O_3 \cdot 10SiO_2$$

3. 制备 1#、5#、16#、20# 配方的釉料。按生料釉式配料，加入适量的水及球（料∶球 =1∶1.5），入球磨罐磨至符合要求细度后，取出釉浆过 250 目筛（孔径 0.061 mm），静置 3 h，调整（加水或存放一段时间待水分蒸发）至适当相对密度（业内常用比重一词），搅拌均匀待用。

4. 用 1#、16# 两种配方的釉料配制 6#、11# 两种配方的釉料，用 5#、20# 两种配方的釉料配制 10#、15# 两种配方的釉料，6#、11#、10#、15# 配方的釉料均需要干料 0.25~0.5 kg；2#、3#、4# 配方的釉料可以由 1#、5# 两种配方的釉料配制，1#、5# 配方的釉料均需要干料 0.1~0.2 kg。其他配方的釉料可按照相同方法配制。

5. 将制备好的釉料采用浸釉法（或浇釉法或喷釉法），在相同坯料的试片上施釉。施釉前应对试片做好标记。

6. 将试片按正常烧成制度烧成，冷却后检查烧成结果，优选最佳配方。

7. 相关数据的记录表参考表 1-3、表 1-4、表 1-5、表 1-6。

表 1-3　原料化学成分

化学成分名称	SiO_2	Al_2O_3	Fe_2O_3	CaO	MgO	R_2O	灼减量	总量
质量分数								

表 1-4　四角釉料配方计算结果

釉料号	生釉料釉式相对分子质量	配料单（所用原料的质量分数）
$1^\#$		
$5^\#$		
$16^\#$		
$20^\#$		

表 1-5　除四角以外的中间各点釉料的配制

釉料号	需用四角釉式的质量分数	备注（说明配制需用其他釉料的干重）
$6^\#$	66.7% 的 $1^\#$ 釉 +33.3% 的 $16^\#$ 釉	
$11^\#$		
$10^\#$		
$15^\#$		
$2^\#$		
$3^\#$	50% 的 $1^\#$ 釉 +50% 的 $5^\#$ 釉	
$4^\#$		
……		

表 1-6　烧成后的釉面分析（烧成温度：____℃）

釉料号	釉面特征	原因分析
$1^\#$		
$2^\#$		
$3^\#$		
$4^\#$		
$5^\#$		
……		

二、注意事项

1. 配制各中间点釉料时，注意检查计算方法和计算结果的正确性。

2. 各釉料应采用相同制备工艺、在同一温度下烧成，烧成时尽量保证窑炉内温度的均匀性。

培训单元 4　陶瓷颜料配方设计

1. 能进行陶瓷颜料的配方设计。
2. 能进行新型陶瓷颜料配方的开发与试验。

一、陶瓷颜料配方设计的原则与方法

1. 陶瓷颜料配方设计原则

（1）陶瓷颜料配方应符合颜料使用要求和产品要求，包括颜料的使用温度要求、所用基础釉组成要求、产品呈色要求及装饰要求。

（2）陶瓷颜料配方应符合生产工艺要求，尽量不对生产工艺做较大调整，尽量不增加大型设备。

（3）陶瓷颜料配方中所用原料应尽量成本低、来源广泛，同时尽量使用矿物原料和工业用化工原料。

2. 陶瓷颜料配方设计方法

（1）采用现有颜料进行调色和配色。设计时应注意颜料的相容与排斥问题，同时对颜料的呈色特点、使用温度范围及气氛特点、调色范围等有充分的了解。

（2）对原有配方进行改进和调整。通过改变原料用量、添加剂种类与用量、生产工艺流程、生产工艺参数等获得所需颜料配方。

（3）根据颜料的矿物晶相类型、呈色机理等，采用经验配方或通过理论计算得到初步配方，然后通过试验研究开发新的配方。

二、陶瓷颜料的类型

陶瓷颜料根据使用温度分为低温颜料（<1 000 ℃）和高温颜料（>1 000 ℃）两类，根据矿物晶相类型分为简单化合物型、固溶体单一氧化物型、钙钛矿型、尖晶石型和硅酸盐型。下面简要介绍按矿物晶相类型分类的陶瓷颜料。

1. 简单化合物型

这类颜料大多是各种重金属如铬、锰、铁、钴、镍、铜、锆、锡、锑等的氧化物、氢氧化物、氯化物、碳酸盐、磷酸盐、铬酸盐和硝酸盐等，它们可直接用于在坯体或釉上着色，但其耐高温、抗还原气氛和酸碱侵蚀的性能都较差，如果直接用在釉上或釉下则会产生一系列缺陷。例如，某种颜料被釉熔化，造成画面轮廓模糊不清；有些金属呈色极浓（如钴、铬），难以控制呈色的深浅；有些金属不耐高温，容易变色。因此，通常需要在这类颜料中加入一定量的熔剂、稀释剂或矿化剂，以得到具有一定高温稳定性和呈色稳定性的陶瓷颜料。

铬的化合物一般呈现很稳定的绿色，微量的铬可以呈现黄色。铬的化合物与SnO_2共用可得铬锡红，与Al_2O_3、ZnO共用可得铬铝红和铬铝锌红，与CoO共用可呈现带青的绿色，与Fe_2O_3共用可呈现黑色或褐色，与MnO_2共用可呈现褐色。

锰的化合物可呈现红色和棕色，与其他物料共用时可呈现带紫的棕色、紫色等颜色。

铁的化合物在氧化气氛下烧成，根据用量的不同，可以呈现从浅黄色到深红色等颜色；在还原气氛下烧成，可以呈现从浅绿色、青色、灰色到黑色等颜色。

钴的化合物能呈现鲜艳的蓝色，在烧成过程中非常稳定。例如，海碧、绀青都是常用的含钴青色颜料。

镍的化合物根据不同的操作条件，可以呈现从灰色到棕色等颜色。

铜的化合物在碱釉中呈现绿色、蓝色，在铅釉中呈现从灰绿色到黄绿色等颜色。在还原气氛中，CuO被还原为Cu_2O而呈现红色。

二氧化锆用于制得钒锆蓝和钒锆黄，还可以代替氧化锡作为乳浊剂。

二氧化锡是常用的乳浊剂，呈白色、淡黄色或淡灰色，其性能之稳定是其他乳浊剂难以达到的。

氧化锑可在无铅釉中用作白色乳浊剂，但因其有毒，所以较少使用。铅釉中由于产生锑酸铅而呈现黄色。氧化锑与铅丹可制成低温黄色基，常用作釉上颜料或低温陶的釉下颜料。

2. 固溶体单一氧化物型

某些无色氧化物的晶格在高温条件下较稳定，将着色氧化物添加其中，并与其固溶，即可形成稳定的固溶体。这种固溶体是两种氧化物复合而成的，但是表现为一种氧化物的晶格，具有载色体的作用。这类颜料主要有以下三种。

（1）刚玉型，以 $\alpha\text{-}Al_2O_3$（刚玉）为载色体。

（2）金红石型，以 TiO_2、SnO_2 的金红石型结晶为载色体。

（3）萤石型，以萤石型结晶为载色体。钒锆黄即此类型颜料，它是将钒离子（V^{5+}）固溶在斜锆石（ZrO_2）晶格中而显色的。

3. 钙钛矿型

这类颜料是以高温条件下稳定的钙钛矿型无色矿物为载色体，将某些着色氧化物引入并与其固溶而制成的。不同的着色氧化物分别与同一组成的载色体矿物固溶，或者同一种着色氧化物分别与不同组成的载色体矿物固溶，能呈现不同的颜色。不同着色元素在两种钙钛矿载色体中的呈色情况见表 1-7。

表 1-7 不同着色元素在两种钙钛矿载色体中的呈色情况

载色体	着色元素						
	V	Cr	Mn	Fe	Co	Ni	Cu
	呈色情况						
$CaO \cdot TiO_2$（灰钛石）	黄色	茶紫色	黄茶色	黄色	绿色	黄色	黄灰色
$CaO \cdot SnO_2$（灰锡石）	黄色	赤色	黄茶色	茶白色	浅灰青色	灰白色	浅灰色

4. 尖晶石型

简单化合物型陶瓷颜料很少能经受高温而不分解、褪色。一般仿照天然尖晶石化学组成配制人造尖晶石型颜料，由于其结构致密、在釉中溶解度很小，因而具备优质陶瓷颜料所要求的性能。

人造尖晶石型颜料是在着色剂和其他原料的基础上加入 B_2O_3、CaF_2 等矿化剂，仿照天然尖晶石化学组成进行配制，在 1 250～1 300 ℃的高温下烧成，人工合成的一种具有尖晶石矿物结构的陶瓷颜料。这类颜料呈色稳定、耐高温、气氛敏感性不强、化学稳定性好，所以在陶瓷颜料生产中被广泛采用。

根据尖晶石型颜料的矿物组成，其化学通式为 AB_2O_4 或 $AO \cdot B_2O_3$。式中，A 代表二价阳离子（如 Mg^{2+}、Mn^{2+}、Fe^{2+}、Co^{2+}、Zn^{2+} 等），B 代表三价阳离子（如

Al^{3+}、Cr^{3+}、Fe^{3+}等）。符合上述通式的被称为完全尖晶石；A与B之比不是1∶2的被称为不完全尖晶石，如$CoO \cdot 2.5Al_2O_3$。当A为二价金属离子、B为四价金属离子时，则形成类尖晶石。同一类型或不同类型的尖晶石可形成固溶体，即构成复合尖晶石。尖晶石型颜料按其化学组成主要分为铝酸盐、铬酸盐和铁硅酸盐三类，具体呈色随着金属离子、烧成温度、气氛的不同而不同。

尖晶石型颜料的制备与一般釉下颜料的制备方法大致相同，配料时按照尖晶石化学通式的相对分子质量计算用量（有时碱性氧化物的用量会稍微超过计算值）。为了加速反应、降低烧成温度，常加入30%左右的B_2O_3作为矿化剂，并将原料和矿化剂混合均匀，加氨水或苛性钠发生中和反应生成沉淀，再加清水反复漂洗，经过滤、干燥后在900~1 400 ℃煅烧，烧成后碾碎，用10%HCl溶液沥滤以除去残余的B_2O_3，再次加清水反复漂洗，以除去可溶性盐类，最后湿磨、烘干为成品。颜料成品颗粒大小与呈色有很大关系，颗粒过粗会降低光泽度，颗粒过细会在釉中过多熔解而弱化着色作用。

以下颜料属于尖晶石型颜料：铬锌铝红，配方为氧化锌31.8%、氢氧化铝47.3%、氧化铬11.8%和硼酸9.1%，烧成温度为1 200 ℃；孔雀蓝，配方为氧化钴17.1%、氧化锌12.5%、氧化铬46.4%、氢氧化铝24%，烧成温度为1 300 ℃。

5. 硅酸盐型

除尖晶石型外，人工合成的高温稳定颜料还有硅酸盐型。这类颜料是用着色剂和其他原料按照某些硅酸盐矿物结构由人工合成的。这类颜料根据矿物结构主要分为以下三种。

（1）石榴石型。这类颜料的化学通式是$3AO \cdot B_2O_3 \cdot 3SiO_2$。式中，A代表二价阳离子（如$Mg^{2+}$、$Mn^{2+}$、$Ca^{2+}$、$Fe^{2+}$、$Co^{2+}$等），B代表三价阳离子（$Al^{3+}$或$Cr^{3+}$）。根据A、B阳离子的不同，石榴石型颜料分为铝系石榴石型颜料和钙系石榴石型颜料。石榴石型颜料见表1-8。

表1-8 石榴石型颜料

系别	矿物名称	化学通式
铝系石榴石型颜料	镁铝榴石	$3MgO \cdot Al_2O_3 \cdot 3SiO_2$
	铁铝榴石	$3FeO \cdot Al_2O_3 \cdot 3SiO_2$
	锰铝榴石	$3MnO \cdot Al_2O_3 \cdot 3SiO_2$
钙系石榴石型颜料	钙铝榴石	$3CaO \cdot Al_2O_3 \cdot 3SiO_2$
	钙铬榴石	$3CaO \cdot Cr_2O_3 \cdot 3SiO_2$
	钙铁榴石	$3CaO \cdot Fe_2O_3 \cdot 3SiO_2$

天然石榴石的成分很少完全符合上述化学通式，常见的天然石榴石是上述矿物以不同比例结合而成的类质同象混晶，一般以含量最多的矿物来命名。人工合成石榴石型颜料时，可依据矿物的化学通式计算配方，在经过试验后才能配制。

（2）榍石型。这类颜料的化学通式是 $CaO·TiO_2·SiO_2$ 或 $CaO·SnO_2·SiO_2$，其中最重要的一种是以锡榍石（$CaO·SnO_2·SiO_2$）为主体的铬锡红。铬锡红以氧化锡、碳酸钙、石英等为主要成分，在高温固相反应中生成锡榍石晶体，同时加入少量铬酸盐，于是少量铬离子分散在锡榍石晶格中而呈现红色。这类颜料常加入硼砂、氟化钙、铅白等呈色助剂及矿化剂。

（3）锆英石型。这类颜料是指在高温稳定的硅酸锆（$ZrSiO_4$）基体中引入 V^{4+}、Pr^{4+}、Fe^{3+}、Co^{2+}、Ni^{2+} 等着色离子，着色离子与硅酸锆基体固溶而形成的高温颜料。其中，用 V^{4+} 和 Pr^{4+} 与 $ZrSiO_4$ 固溶比较容易，而用 Fe^{3+} 与 $ZrSiO_4$ 固溶则较为困难。这类颜料着色力强，显色鲜艳、稳定，适应较宽的烧成温度范围。

钒锆蓝是具有代表性的锆英石型颜料。将相同物质的量的 ZrO_2、SiO_2 与适量的 V_2O_5 及矿化剂（NaF 或 NaCl 等）一起混合煅烧，使氧化得到的着色离子 V^{4+} 进入 $ZrSiO_4$ 晶格中，就可制得钒锆蓝。另外，镨锆黄、铁锆红也是常见的锆英石型颜料。

目前，某种异晶包裹锆英石型颜料已引起业界人士的广泛重视。这种颜料是将已合成的着色基作为分散相，使其进入硅酸锆晶格中而形成的包晶质颜料。例如，用锆英石包裹硒硫化镉可以制成一种红色颜料。硒硫化镉即 Cd（SSe），它是釉上彩装饰中重要的鲜红色颜料，由于它在 900 ℃ 左右的高温条件下会分解变黑，因而其使用受到一定限制。采用异晶包裹工艺可提高其使用温度，从而制得在 1 200 ~ 1 300 ℃ 下稳定呈色的高温颜料镉硒红。

技能要求

陶瓷颜料配方的开发

一、操作步骤

1. 按以下配方进行配料试验：Fe_2O_3 45.3%、Cr_2O_3 43.2%、CoO 11.5%。
2. 按此配方配制 200 g（干基）试样（以研钵研磨时配制 50 g）。
3. 将称得的氧化铁、氧化铬、氧化钴装入快速磨（或研钵），料球水之比为

1∶1.5∶0.8，磨好后过 40 目（孔径 0.45 mm）筛，再进行烘干并捣碎，将粉状试样装入匣钵中，观察、记录其色泽与性状。

4. 将粉状试样入窑，在氧化气氛、1 200 ~ 1 250 ℃下煅烧，烧成时间为 4 ~ 6 h，高火保温时间为 0.5 ~ 1 h，最后自然冷却。

5. 待窑温降到 80 ℃左右时取出试样，观察、记录其色泽与性状。将试样用快速磨（或研钵）粉碎后过 200 目（孔径 0.076 mm）筛备用，此时可加 1% ~ 3% 的氧化钴进行调色。

6. 对试验结果及存在的问题进行分析、讨论，并提出改进方案。

二、注意事项

1. 在制备过程中，要及时清洗各种用具，如快速磨（或研钵）、分样筛、盛料容器等，以避免混入杂质而影响试验结果。

2. 所制得的颜料要妥善保管，供配制颜色釉时使用。

培训项目 2

粉碎、过筛、除铁和搅拌

培训单元 1　助磨剂与电解质

培训重点

1. 能根据工艺要求选择助磨剂。
2. 能根据工艺要求选择电解质。

知识要求

一、助磨剂

在研磨物料过程中加入少量的化学添加剂能够显著提高研磨效率或降低能耗，这种化学添加剂被称为助磨剂。陶瓷原料的研磨一般使用湿法间歇式球磨机，物料一次或分批加入，然后加水研磨达到要求后出磨。助磨剂的使用有效促进了陶瓷工业向高质量、高效率、低能耗的方向发展。

1. 助磨剂的作用

（1）节能降耗。助磨剂具有减水解凝的作用，这对注浆泥浆及喷雾干燥泥浆都十分重要。注浆泥浆的含水率较低可降低坯体的收缩率，减少石膏模型的吸水量，缩短石膏模型的干燥时间，提高生产效率。喷雾干燥泥浆的含水率较低能减小干燥时的能耗。

（2）提高设备生产能力。加入助磨剂可以提高球磨效率，从而提高球磨机的生产能力。另外，加入助磨剂还可以降低喷雾干燥泥浆的含水率，从而提高喷雾干燥塔的生产能力。

（3）提高产品质量。加入助磨剂能提高原料的研磨细度和不同成分原料的混合程度，降低产品的烧成温度，提高产品的瓷化程度，从而提高产品的质量。

2. 助磨剂的种类

目前，陶瓷工业中常用的助磨剂有以下三类：无机电解质如三聚磷酸钠、水玻璃等，离子型表面活性剂如木质素磺酸钠、十二烷基苯磺酸钠、柠檬酸钠等，非离子型表面活性剂如三乙醇胺等。

其中，十二烷基苯磺酸钠单独使用时粒径较小、效果较好，木质素磺酸钠单独使用时效果相对差一点儿。将几种助磨剂混合使用通常效果更好，如三乙醇胺与柠檬酸钠混合后，其助磨效果有较大提高。

3. 影响助磨剂助磨效果的因素

（1）助磨剂性质。助磨剂的助磨效果首先取决于它本身的化学性质。如果助磨剂是表面活性物质，那么其组成基团的类型和相对分子质量就会影响其吸附、分散效果，从而影响助磨效果。阳离子型的伯胺和非离子型的三乙醇胺等表面活性剂的助磨效果较好。而含有1~14个碳原子的脂肪酸能很好地吸附在物料颗粒上，强化研磨作用。

脂肪酸钠和脂肪酸钾，因其羧基极性较强而有更大的吸附能力和更好的助磨效果。饱和脂肪酸类的助磨效果随其分子链长度的增加而减小，不饱和脂肪酸类比饱和脂肪酸类的助磨效果更好。

（2）助磨剂用量。从助磨原理角度来讲，促进颗粒分散所需的助磨剂用量都是很少的。助磨剂用量的适宜范围一般为物料质量的0.01%~0.1%。助磨剂针对每种物料都有其最佳用量，这一最佳用量与产品细度，助磨剂的种类、相对分子质量及性质等有关。如果助磨剂用量过少，则助磨效果未得到充分发挥；如果助磨剂用量过多，则助磨效果降低，生产成本提高，物料性能受到影响。

在研磨物料过程中，过量的助磨剂会在物料表面形成过厚的吸附层，造成部分物料被吸附，从而阻碍研磨。

（3）被研磨物料性质。陶瓷原料的化学组成、矿物组成以及硬度、粒度等性质，对助磨剂的助磨效果具有选择作用。对于瓷石来说，十二烷基苯磺酸钠、柠檬酸钠+水玻璃有较好的助磨效果；对于石英砂来说，木质素磺酸钠、油酸等有较好的助磨效果。另外，研磨时浆料的浓度和黏度也会影响助磨剂的助磨效果。实践证明，浆料的浓度和黏度在一定范围内时，助磨剂才能发挥最佳助磨效果。

4. 助磨剂的选用

（1）明确使用目的。在坯釉料配方和质量不变的情况下，使用助磨剂可以大幅度提高球磨机产量，降低物料的研磨成本。在坯釉料配方不变、球磨机产量不变、成本不变的情况下，使用助磨剂可以大幅度提高物料的研磨细度，从而提高坯体瓷化程度及釉面质量。陶瓷企业应根据产品质量、市场占有率等明确使用助磨剂的目的。对于产品质量好、市场占有率高的企业，应以提高产量为目的；对于产品质量较好而市场占有率中等的企业，则应以降低生产成本为目的；对于产品质量较差的企业，其主要目的应是提高产品质量。

（2）选择最佳用量。助磨剂的最佳用量与被研磨物料的种类、产地、配方以及所要求的研磨细度，助磨剂的相对分子质量及性能有关。用量过少达不到助磨效果，用量过多则浪费甚至起反作用。助磨剂的用量应结合生产实际情况确定。注意，助磨剂用量波动会导致研磨效果不稳定，不仅达不到使用助磨剂的目的，而且会造成物料研磨细度的波动，从而造成产品质量的波动。

（3）合理调整工艺参数。使用助磨剂后，球磨机的产量可能有所提高。此时，除了要充分发挥球磨机的生产能力，还要根据产量的提高对生产工艺和设备进行必要的调整，以充分发挥助磨剂的作用。使用助磨剂后，球磨机中研磨浆料的黏度和加水量可能会发生变化，应结合具体情况适当调整工艺参数，以确保产品质量的稳定性。

二、电解质

注浆泥料既要求含水率尽可能地低（30%～35%），又要求流动性尽可能地好。因此，单靠调节含水率不能解决这个矛盾，通常要借助电解质（解凝剂）来达到这个目的。

注浆泥料的制备分为经过压滤和不经过压滤两类方法。制取高质量的稳定泥浆宜采用经过压滤的方法。具体方法是将球磨后的泥浆进行压滤脱水形成泥饼，然后将泥饼粉碎成小块，加入电解质和水在搅拌池中搅拌成泥浆。经过压滤的泥料，其所含的有害可溶性盐类（包含 Ca^{2+}、Mg^{2+} 以及其他有影响的阴离子如 SO_4^{2-}）被滤出，泥浆的稳定性得到改善，一般适用于生产质量要求较高、形状较复杂的产品，但生产所需要的设备较多、成本较高。

1. 电解质的种类与性能

常用的电解质主要有以下三类：第一类是能产生碱性溶液并解离成阳离子（或离子团）以及氢氧根离子的电解质，如弱酸性的碱盐 Na_2CO_3、Na_2SiO_3、$Na_4P_2O_7$ 等，碱金属的氢氧化物 NaOH、LiOH 等；第二类是能产生保护胶的电解质，如丹宁、SiO_2 与 Na_2O 物质的量之比 >2 的水玻璃、腐殖酸钠、木质素、亚硫酸盐纸浆废液、碱性麦秆浸出液等；第三类是能产生不溶性盐类的物质，如草酸、柠檬酸、五倍子酸，但这些弱有机酸只在与碱性电解质混合后才能对泥浆性能产生积极影响。

Na_2CO_3 在储存时应特别注意防潮，因为它受潮会变为 $NaHCO_3$，能对黏土产生凝聚作用。SiO_2 与 Na_2O 物质的量之比 >4 的水玻璃放置很久后会析出胶体 SiO_2，因此在制造日用瓷时一般控制 SiO_2 与 Na_2O 物质的量之比在 2.3~2.8；对于低可塑性原料较多的坯料，SiO_2 与 Na_2O 物质的量之比可以控制在 2.5~3.1。

当将 Na_2CO_3 用作解凝剂时，泥浆水分疏散快、成型迅速，但坯体的致密度与强度较差。富含有机物的二次黏土仅使用 Na_2CO_3 就能获得很好的解凝效果。当将 Na_2SiO_3 用作解凝剂时可以得到较致密、强度较大的坯体，但在修坯时会发现其又硬又脆，不易操作。在还原焰中烧成时，使用 Na_2CO_3 的坯体易吸烟，而使用 Na_2SiO_3 的坯体吸烟现象则不明显。为了调整坯体的软硬程度和降低烧成缺陷出现的概率，可以混合使用 Na_2CO_3 和 Na_2SiO_3，此时要先将 Na_2CO_3 和原料一起入磨，待混合料接近所要求细度时再加入 Na_2SiO_3，继续研磨 1 h 左右出磨。如果将两者同时入磨，则 Na_2CO_3 有使 Na_2SiO_3 水解产生多硅酸盐离子而发生聚合的倾向，这样就弱化了稀释作用，使泥浆容易稠化。

电解质的用量与黏土性质有关，具体用量应通过试验来确定。一般情况下，电解质的用量为干坯料的 0.3%~0.6%。一般含黏土较多的泥浆需要的电解质用量更多一些。

2. 电解质的稀释过程

（1）黏土的离子吸附与交换。晶格内同晶置换、断键和吸附在表面的腐殖质解离使黏土带负电，因此，它必然要吸附介质中的阳离子来中和本身所带的负电荷，被吸附的阳离子又被溶液中其他浓度大、价数高的阳离子交换出来，这就是黏土的阳离子交换性质。黏土的离子交换反应具有同号离子相互交换、离子以等当量进行交换、交换和吸附是可逆过程以及离子交换并不影响黏土本身结构等特点。

离子交换和离子吸附是一个反应中同时进行的两个不同过程，以下方的反应为例：

$$Na\text{-黏土} + Ca^{2+} \rightarrow Ca\text{-黏土} + 2Na^+$$

在上述反应中，为了满足黏土与离子之间的电中性，必须一个 Ca^{2+} 交换两个 Na^+。对于 Ca^{2+} 而言，它是从溶液中转移到胶体上，这是离子的吸附过程。但对于被黏土吸附的 Na^+ 而言，它转入溶液则是解吸过程。吸附和解吸的结果使 Ca^{2+}、Na^+ 相互换位，即进行交换。由此可见，离子吸附是黏土胶粒与离子之间的相互作用，而离子交换则是离子之间的相互作用。

影响阳离子发生交换反应的因素有很多，如黏土矿物种类和颗粒大小，阳离子大小、浓度、价数及其在晶体结构中的位置，介质的 pH 值等。根据离子价及离子水化半径，可以将黏土的阳离子交换顺序排列如下：

$$H^+ > Al^{3+} > Ba^{2+} > Sr^{2+} > Ca^{2+} > Mg^{2+} > Cs^+ > Rb^+ > K^+ > Na^+ > Li^+$$

氢离子半径小、电荷密度大，居于交换顺序首位。在阳离子浓度相等的水溶液中，排在前面的阳离子能交换出排在后面的阳离子。

（2）黏土与水的作用。由于黏土表面带负电荷，因此在黏土附近存在一个静电场，使极性水分子定向排列而形成水化层（吸附层）。黏土表面吸附着一层层定向排列的水分子，当水分子的热运动足以克服吸附力时，水分子从定向排列（吸附层）过渡到不规则排列（扩散层）。

在黏土胶粒周围的水，随着与黏土胶粒距离的增大、结合力的减弱而分为牢固结合水、疏松结合水和自由水。黏土颗粒（又称胶核）吸附着完全定向排列的水分子和水化阳离子，它们与胶核形成一个整体（黏土胶粒），一起在介质中移动，其中的水被称为牢固结合水（又称吸附水膜，其厚度为 3~10 个水分子层）。在牢固结合水周围，一部分定向程度较差的水被称为疏松结合水（又称扩散水膜）。在疏松结合水以外的水被称为自由水。

影响黏土结合水量的因素有黏土的矿物组成和分散度、所吸附阳离子的种类等。黏土在吸附不同价态阳离子后，一价阳离子结合水量 > 二价阳离子结合水量 > 三价阳离子结合水量。

同价态阳离子与黏土的结合水量随着离子半径的增大而减少。例如，Li-黏土结合水量 > Na-黏土结合水量 > K-黏土结合水量。

（3）黏土胶粒的ζ电位。黏土胶粒分散在水中时，胶核对水化阳离子的吸附力随着两者之间距离的增大而减小，又由于水化阳离子本身具有热运动，因此随着与胶核之间距离的增大，水化阳离子的分布由多到少，并在P点平衡了黏土表面全部的负电荷。热力学电位E与ζ电位示意图如图1-6所示。

在外电子层作用下，一部分吸附牢固的水化阳离子（在AB面以内）随着黏土胶粒向正极移动，这部分水化阳离子被称为吸附层。另一部分水化阳离子不随黏土胶粒移动，而向负极移动，其被称为扩散层（从AB面至P点）。因为吸附层与扩散层各带有相反的电荷，所以相对移动时两者之间就存在电位差，这个电位差被称为ζ电位。ζ电位随着扩散层的增厚而增大，当扩散层中的水化阳离子全部被压缩至吸附层时，ζ电位为零。

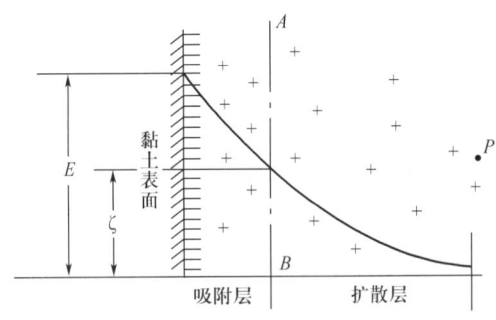

图1-6　热力学电位E与ζ电位示意图

对于由不同价态阳离子所饱和的黏土，其ζ电位与阳离子的半径、价数有关。由不同价态阳离子所饱和的黏土的ζ电位大小顺序如下：

$$M^{+}-黏土 > M^{2+}-黏土 > M^{3+}-黏土$$

对于由相同价态阳离子所饱和的黏土，其ζ电位随着阳离子半径的增大而减小。也就是说，Li-黏土的ζ电位在一价阳离子饱和黏土中最大，其次是Na-黏土、K-黏土。

3. 泥浆的稀释原理和过程

由于泥浆必须具有较好的流动性，且黏度要小，因此要采用电解质稀释泥浆，以获得更好的流动性。下面以钠盐稀释泥浆为例，解释其原理和过程。

（1）稀释原理

1）增大ζ电位，增厚扩散水膜，达到稀释目的。自然界中存在的大多是ζ电位较小的Ca-黏土，Ca-黏土与Na^{+}进行离子交换后变为Na-黏土，Na^{+}与胶核之间的吸附力较小，因而ζ电位增大、粒子间排斥力增大；又因为Na^{+}的结合水量

大于 Ca^{2+} 的结合水量，所以 Na-黏土的扩散水膜较厚，有利于粒子间的相互移动和流动性的提高。如果钠盐加入量较少，那么阳离子无法进行交换；如果钠盐加入量较多，那么钠离子浓度较大，扩散层变薄，ζ 电位又减小。虽然钠盐的加入量在生产中是不易控制的，但仍然需要选择与黏土中有害离子交换后能形成不溶性物质的钠盐，从而促进阳离子的交换。

2）通过"释放"自由水达到稀释目的。一般情况下，当泥浆中自由水含量增加时，泥浆的流动性会变好。黏土通常在酸性介质中成矿，因此黏土加水调制成泥浆后，黏土颗粒呈薄片状，其板面带负电、边面带正电，边面和板面之间会出现静电引力，从而形成片架状结构。该结构空间内封闭着自由水，于是自由水失去了流动能力，因此出现了絮凝。加入钠盐的目的就是释放这部分自由水。当加入的钠盐通过解离或水解形成强碱性溶液，使边面由带正电转向带负电，与带负电的板面互相排斥时，边面和板面结合而成的片架状结构就会被拆开，于是封闭的自由水被释放出来，恢复了流动能力，从而达到稀释泥浆的目的。

（2）稀释过程

1）悬浊液稳定阶段。当所加入电解质（钠盐）的量小于物料的吸附量时，由于 Na^+ 容易解离且水化程度较大、所带水膜较厚，物料所吸附的部分阳离子（一般为 Ca^{2+}）被 Na^+ 置换，因而粒子间排斥力增大，粒子易于分散，由此产生解凝作用，泥浆悬浮性能良好并处于稳定状态，曾被黏土胶粒机械占有的水分子解脱出来。但是因为疏松结合水量在这个阶段有所增加，所以不会发生稀释作用，相反地，泥浆黏度还会有所增大。

2）稀释阶段。当继续加入电解质时，由于 Na^+ 浓度增大，少量的 Na^+ 将黏土胶粒的负电荷中和，使被吸附的 Na^+ 解离作用减弱，由此扩散水膜变薄，部分疏松结合水转变为自由水，开始出现泥浆稀释的现象。

3）稠化阶段。如果继续加入电解质，则扩散水膜的厚度达到临界值，出现水膜再也不能阻止黏土胶粒相互吸引的现象。黏土胶粒开始连成聚集体，也就是泥浆开始凝聚。此时，部分自由水被封闭在连起来的黏土胶粒结构之中。随着自由水的减少，泥浆的黏度又增大了。

黏土及泥浆的稀释曲线有一个转折点，该点代表了该电解质稀释的最大效能。实践证明，如果在泥浆中加入的电解质比在最高稀释作用下所需要的少一些，则泥浆的工艺性能较好。当然，电解质的用量取决于泥浆原料的性质，一般不超过干物料的 0.5%。正确地选择电解质的种类和用量，能使泥浆达到最佳的稀释状态，从而减少泥浆流动时所需要的水，增加物料的分散程度，使注浆坯体易于脱模，降低坯体的开裂概率，还可以缩短注浆时间、降低收缩率、减小变形程度、提高坯体质量。

培训单元 2　粉　　碎

1. 能根据生产情况调整球磨机装料次序。
2. 能通过调整工艺参数，优化颗粒级配和提高研磨效率。
3. 能分析、处理原料细碎过程中出现的常见问题。

一、原料粉碎工艺的设计与控制

原料粉碎工艺包括粗碎、中碎、细碎，粉碎工艺的设计与控制影响粉碎效率和泥料性能。

1. 粗碎采用两级颚式破碎机

合理的生产工艺设计可以更大限度地降低生产成本。相对来说，颚式破碎机是功耗较低、磨损较少的破碎设备，它能够将物料破碎到 30 mm 的细度。目前，很多陶瓷生产企业往往只用颚式破碎机将矿石原料破碎到 80 mm 的细度，之后就将矿石原料送入破碎成本相对较高的锤式粉碎机，这样不但无法取得较好的细碎效果，反而付出大量的电力和磨损成本。从成本的角度考虑，采用两级颚式破碎机将原料破碎到 30 mm 左右时，生产成本较低。

另外，应尽可能地利用自然地势或者带式输送机将破碎设备连接起来，避免进行大规模的物料转运。

2. 调整球磨机装料次序

球磨机的加料方法分为一次投料和二次投料。一次投料是将硬质、软质原料一次性加足，这样操作简便，但动力消耗较多、研磨效率较差。二次投料是先加硬质原料如长石、石英、瓷粉等，在研磨一段时间（一般 5~8 h）后，再加软质原料继续研磨、混合。由于第一次投料后没有很多的悬浮物质起缓冲作用，因此研磨体下落时速度较大，对物料的冲击力较大。另外，黏土尚未加入，实际上相当于增大了球料比，使物料与研磨体有更多的接触机会，因而提高了研磨效率，也改善了坯料的颗粒级配。

在坯釉料制备过程中，部分用量较少的原料（如颜料）在加入球磨机后可能会出现原料分布不均匀的情况，这时可将用量较少的原料与部分用量较大的原料进行预混合，然后一起加入球磨机，以提高原料分布的均匀程度。

二、影响球磨机研磨效率的因素

球磨机对粉料的作用可以分为以下两个方面：一方面是研磨体之间和研磨体与筒壁之间的研磨作用；另一方面是研磨体下落时的冲击作用。提高球磨机的研磨效率要从这两方面的作用入手。下面对影响球磨机研磨效率的因素进行分析。

1. 球磨机转速

球磨机转速直接影响研磨体在球磨机内的运动状态。当转速太快时，研磨体附着在筒壁上随着球磨机旋转，因而失去冲击作用，如图 1-7a 所示；当转速太慢时，研磨体上升不太高就滑行下来，冲击作用很小，如图 1-7b 所示；理论上将使研磨体离心力超过重力而不能自由下落时的最低转速称为临界转速，当转速略低于临界转速时，研磨体及物料能在离心力的作用下沿筒壁上升到一定高度后再下落，如图 1-7c 所示，这时物料受到最大的冲击和研磨作用，研磨效率最高。

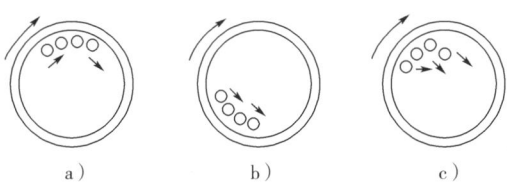

图 1-7 球磨机转速对研磨效率的影响
a）转速太快 b）转速太慢 c）转速略低于临界转速

2. 研磨体的密度、大小与形状

增大研磨体的密度，可以加强它的冲击作用，同时减小研磨体所占空间、提高装载量,所以,使用密度较大的研磨体可以提高研磨效率。

相对来说,较大的研磨体冲击作用较大,较小的研磨体因与粉料的接触面积较大而研磨作用较大。研磨体的大小与物料性质也有关系。当脆性料较多时,研磨体应大一些;当黏性料较多时,研磨体可小一些。根据实际生产经验,当大球直径在40~70 mm的占50%,中球直径在30~40 mm的占25%,小球直径小于30 mm的占25%时,研磨效率最大。

研磨体以圆棒形为宜,因其接触面积比球形的更大,对物料的研磨和冲击作用更大,故研磨效率更高。

研磨体常用鹅卵石或瓷质材料制成。高铝质瓷料制成的研磨体密度较大,因此在相同吨位的球磨机中可以多装物料,研磨时冲击力较大,自身磨损较小。

3. 料球水的比例

加入的研磨体越多,物料在单位时间内被研磨的次数越多,研磨效率越高。但研磨体过多反而会占据球磨机的有效空间,导致研磨效率降低。

加水量的多少也影响研磨效率。加水量过多,不仅占据球磨机的有效空间,而且由于黏附在研磨体上的物料减少,反而降低了研磨效率。加水量过少,泥浆流动性较差,泥浆将黏结在研磨体上成团,甚至研磨体彼此黏结在一起,失去互相撞击所产生的研磨作用。另外,如果考虑物料的吸水率,那么物料吸水率较大时要多加些水。通常,球磨可塑坯料时,料:球:水=1:(1.5~2):(0.8~1.2),研磨效率较高;球磨釉料或注浆坯料时,料:球:水=1:(1.5~2):(0.4~0.7),研磨效果较好。

4. 进料粒度

进料粒度越细则球磨时间越短,但过细的物料势必增加设备的负担,通常球磨机的进料粒度为2 mm左右。

5. 加料方式

当研磨陶瓷坯料时,应先将硬质原料如长石、石英、瓷粉等及少量黏土(为了使硬质原料在研磨过程中不沉淀)研磨若干小时,再加入软质原料继续研磨,这样可以提高研磨效率。在研磨颜色釉时,应先加颜料后加其他原料,以提高釉料混合的均匀程度。

6. 球磨机的总装载量

球磨机中研磨体、水和物料的总装载量对研磨效率有很大影响。通常情况下,球磨机的总装载量以容积计算时约占球磨机空间的五分之四。

7. 球磨机筒体直径

通常球磨机筒体大则研磨效率高,这是因为筒体大的球磨机能装更多的研磨体,研磨和冲击作用都会得到加强,进料粒度也可以稍大一些。所以,大筒体的球磨机研磨效率较高,且产量大、成本低,能制备性能一致、组分均匀的粉料。

小型球磨机工作时,对物料的研磨作用大于冲击作用,所得到的粉料颗粒比较圆滑;大型球磨机工作时,对物料的冲击作用大于研磨作用,粉碎能力较强,所以得到的粉料颗粒为多边形的。

以上因素互相制约、互相影响,在生产中应根据产品种类、原料性能、设备情况等进行综合分析,设定合理的工艺参数,以获得较高的研磨效率。

三、原料细碎过程中常见问题的分析与解决

原料细碎过程中常见问题的产生原因及解决方法见表1-9。

表1-9 原料细碎过程中常见问题的产生原因及解决方法

序号	问题现象	产生原因	解决方法
1	细度没达到要求	(1)研磨时间不足 (2)料球水比例不合适 (3)电解质加入量不当	(1)延长研磨时间 (2)检查并调整料球水比例 (3)检查并调整电解质的加入量
2	有杂质混入	(1)原料中混有杂质 (2)加料过程中混入杂质	(1)加强原料入库管理 (2)加强加料工艺管理

四、颚式破碎机的维护保养及故障处理

1. 颚式破碎机的维护保养

颚式破碎机是常用的破碎设备,其日常维护保养注意事项具体如下。

(1)检查螺栓等连接部件是否出现松动。

(2)检查拉杆弹簧能否正常工作,检查传动零件与齿板的损耗情况。

(3)经常观察轴承温度。一般情况下,滑动轴温度应不高于60 ℃,滚动轴温度应不高于70 ℃。一旦高于上述温度,应及时排查故障。

2. 颚式破碎机的故障处理

颚式破碎机常见故障的产生原因及排除方法见表1-10。

表 1-10　颚式破碎机常见故障的产生原因及排除方法

序号	故障现象	产生原因	排除方法
1	在发出剧烈的劈裂声后，动颚停止摆动，飞轮继续旋转，拉杆弹簧松弛	破碎室中混入无法破碎的物料，造成推力板损坏	（1）清除无法破碎的物料 （2）旋出拉杆螺母，取下拉杆弹簧，将动颚挂起，换上新的推力板
2	衬板抖动并发出撞击声	（1）衬板固定螺栓松动 （2）衬板固定螺栓断裂	（1）拧紧衬板固定螺栓，如果防松弹簧的弹性不足，则需要更换防松弹簧 （2）更换衬板固定螺栓
3	飞轮旋转，但已停止破碎，推力板从支座中脱出	拉杆弹簧或拉杆断裂	更换损坏的零件
4	破碎后的物料粒度变大	衬板下部磨损严重	调整出料口宽度调节装置，减小出料口宽度，将衬板上下颠倒后继续使用或更换衬板
5	推力板支座发出撞击声或其他异响	（1）拉杆弹簧张紧度不够或断裂 （2）推力板支座磨损或松动 （3）推力板头部磨损严重，出料口宽度调节装置未调好，造成推力板左右受力不一致	（1）拧紧或更换拉杆弹簧 （2）更换推力板支座 （3）更换推力板，重新调整出料口宽度调节装置
6	飞轮显著摆动，偏心轴回转速度减慢	传动带和飞轮的连接键松动或破损	停机换键，校正键槽

五、轮碾机的维护保养及故障处理

1. 轮碾机的维护保养

（1）在安装轮碾机时，一定要使立轴垂直于碾盘，且两个碾轮的质量、旋转半径均应相等。应在轮碾机周围砌上水泥围墙，以防碾轮被甩出，确保生产安全。安装完毕，检查确认各部位螺栓已经紧固后方可试车。

（2）开机前检查电气线路是否完好无损。传动带松紧应适度且不扭转；活动部位的螺栓应紧固，横轴大螺母等零部件应无松动现象。检查各润滑点的润滑效果是否良好。

（3）在作业前准备好相应工具，并做好劳动保护和安全防护措施。在轮碾机的运转过程中，如果出现异常情况，应立即停机检查，待修复故障后再开机。

（4）作业时先空载启动，待轮碾机运转正常后再投料。投料时必须顺着碾轮的转向投。轮碾机工作时，料层厚度不允许超过 10 cm。

（5）准备停机时，需要提前 15 min 关闭投料设备，待卸空碾底料后再停机。作业完毕要打扫场地卫生，要将碾盘内的杂物全部清出。注意：使用轮碾机加工不同原料时，必须先清理干净残留的上一种原料，再投入新的原料加工，禁止混料加工。

（6）碾轮磨损很快，应根据使用情况及时更换，且必须成对更换碾轮。

2. 轮碾机的故障处理

轮碾机常见故障的产生原因及排除方法见表 1-11。

表 1-11　轮碾机常见故障的产生原因及排除方法

序号	故障现象	产生原因	排除方法
1	轮碾机突然停机	（1）加料过多，排料口堵塞 （2）驱动带过松而打滑，或传动齿轮磨损 （3）作业场地电压过低，遇到大料时无力破碎 （4）轴承损坏	（1）减少加料量，清除排料口堵塞物，确保出料畅通 （2）调紧或更换驱动带，检查传动齿轮并按需更换 （3）调整作业场地的电压，使之符合轮碾机的工作电压要求 （4）更换轴承
2	轮碾机生产能力降低	（1）刮板安装不合理，不能及时排出细料，也不能将粗料刮到碾轮下面 （2）加水量过少，黏性料加入过多，泥料附着于碾轮上，无法被碾碎 （3）碾轮使用时间较长，磨损后质量减轻，碾碎作用减弱	（1）调整刮板的安装高度与角度 （2）调整加水量，调整泥料性质 （3）更换碾轮

六、球磨机的维护保养及故障处理

1. 球磨机的维护保养

（1）监控各个润滑点的润滑情况，包括润滑状态和油面高度等，检查频率至少达到每作业 12 h 进行一次。

（2）球磨机在运转时，主轴承润滑油、传动轴、减速器的温度不应超过60 ℃，否则要停机检查。

（3）在球磨机开机的 5 min 内，要重点监控电动机电流的波动情况，观察工作状态下的电流值以及有无异常电流波动现象。

（4）在使用球磨机之前，应详细检查衬板螺栓是否松动、断裂，以及衬板是否脱落。

（5）球磨机在运转过程中要保持平稳，应无强烈振动、无异响。注意观察减速器、电动机、连接盘等，发现异常情况应及时检查和调整。

（6）在对球磨机进行日常保养时，要检查紧固件的使用状态，如是否出现松动或磨损现象，同时检查有无漏水、漏油、漏物料等现象。

（7）监控球磨机内研磨体的磨损情况，当研磨体磨损较严重时要尽快更换。

（8）在球磨机运转过程中，发生任何异常情况都应立刻停机检修。

2. 球磨机的故障处理

球磨机常见故障的产生原因及排除方法见表 1-12。

表 1-12　球磨机常见故障的产生原因及排除方法

序号	故障现象	产生原因	排除方法
1	轴承发热	（1）轴承安装不当 （2）润滑油质量不合格或混有杂物 （3）油环不工作，润滑中断	（1）检查轴承，重新找正或找平 （2）清洗轴承，更换润滑油 （3）修理或更换油环，更换润滑油
2	球磨机振动	（1）齿轮啮合不良或过度磨损 （2）地脚螺栓或轴承座固定螺栓松动或断裂 （3）传动轴承过度磨损	（1）调整齿轮啮合间隙或更换齿轮 （2）拧紧或更换各类螺栓 （3）修理或更换传动轴承
3	突然发生强烈振动和撞击声	（1）齿轮啮合间隙中落入硬质杂物 （2）齿轮轮齿折断 （3）地脚螺栓或轴承座固定螺栓松动或断裂	（1）清理杂物 （2）修理或更换损坏了的齿轮 （3）拧紧或更换各类螺栓
4	端盖与筒体连接处漏浆	连接螺栓松动或断裂	拧紧或更换连接螺栓

培训单元 3　过筛、除铁和搅拌

1. 能根据生产情况选择过筛、除铁、搅拌工艺。
2. 能根据异常情况判断过筛、除铁、搅拌设备的故障原因并予以排除。

一、泥浆制备工艺的设计与控制

制备泥浆时，过筛、除铁、搅拌是重要的生产工艺，对泥料的性能影响很大，应重点设计并严格控制。

1. 过筛工艺

（1）应选用合适的过筛方法提高过筛效率。过筛方法分为干筛和湿筛两种，常见的过筛设备有摇动筛、回转筛和振动筛等。陶瓷生产中普遍使用的是湿法振动筛，这种设备可以提高过筛效率。

（2）应选择合适的筛网控制泥料细度。泥浆从球磨机排出后通常先过60目（孔径0.28 mm）筛，以除去硬质杂质等粗颗粒，后续再根据泥料的细度要求多次过筛。例如，生产日用细瓷时，泥料可先过180目（孔径0.09 mm）筛再过200目筛。

（3）过筛工艺可与除铁工艺联合组成作业线，进行多次过筛和多次除铁。一般日用细瓷的生产采用一次过筛、一次除铁、二次过筛、二次除铁工艺。对于高档日用细瓷，有时需要增加三次过筛和三次除铁工艺。

（4）在过筛时，应随时检查筛网是否完好无损，特别是筛网边缘有无漏浆现象。

2. 除铁工艺

（1）应选用合适的除铁方法提高除铁效率。除铁方法分为干法和湿法两种。除铁设备的工作原理主要有电磁除铁和天然磁除铁。对于粉料常采用天然磁干法除铁，对于日用细瓷泥浆常采用电磁湿法除铁。为了提高除铁效率，可以结合使用不同的除铁方法。

（2）设计多次除铁工艺，或配合使用过筛工艺与除铁工艺，可以满足泥浆的除铁要求，尤其适用于含弱磁性矿物的泥浆。

（3）在除铁时，应按规定对除铁藕片进行清洗，通常要求每 15~20 min 清洗一次。

3. 搅拌工艺

（1）搅拌方式分为机械搅拌和压缩空气搅拌（又称气体搅拌）。机械搅拌是指由机械设备的运动部件对泥浆进行搅拌、切割等处理，使泥浆混合均匀的一种搅拌方式。机械搅拌适用于搅拌黏度、稠度较高的泥浆，但噪声大、能耗高。压缩空气搅拌是指将压缩空气喷射在泥浆中，使泥浆混合均匀的一种搅拌方式。压缩空气搅拌适用于搅拌颗粒、密度较小的泥浆。

（2）应根据搅拌工艺的主要作用选择快速搅拌或慢速搅拌。通常在泥料化浆时采用快速搅拌，而在均化泥浆时采用慢速搅拌。

二、泥浆性能的调整

使用泥浆时，经常对其浓度、密度等性能进行调整。泥浆浓度过低、密度过小，注浆成型时模型的吸水负担较重，吸浆时间延长，不易达到坯体应有的厚度。泥浆浓度过高、密度过大，管道输送困难，注浆成型时容易造成坯体局部缺角。

在生产中，可以通过一些方法对泥浆的浓度、密度进行调整。例如，泥浆浓度过高时，可以加入适量的水进行调整；也可以将不同浓度和密度的泥浆进行混合调整。

三、过筛设备的维护保养及故障处理

1. 过筛设备的维护保养

（1）对于刚安装的新筛和长期搁置未用的振动筛，在使用前必须检验电动机的绝缘情况是否良好。在对电动机进行接线前，应测量电动机三相对地电阻是否不小于 2 MΩ。在完成接线后，应观察电动机的旋转方向是否正确。

（2）筛网要均匀地绷紧在筛框上，这样筛网和筛框才能以相同的频率和振幅振动而不会出现抖动或筛网局部下垂的现象，以保证良好的过筛效果，同时延长筛网的使用寿命。

（3）双锤振动筛可以不用地脚螺栓，但必须放置在平整的水平基础上，以免排渣能力受到影响。一般将上、下两个偏心振块调整到下偏心振块超前约30°。为了保证排渣良好,可在筛网上放一些粗料后对上、下偏心振块进行调整,直到粗料能迅速地从渣口完全排出,说明已经调整好。

(4)目测振动筛的纵向和横向振幅并调整。调节振块的活动部分,向外侧移动即增大偏心距,使振幅加大;反之,则使振幅减小。调整上偏心振块可以增大或减小横向振幅,调整下偏心振块可以增大或减小纵向振幅。一般将纵向振幅调整到3~4 mm,横向振幅调整到2 mm左右。

(5)及时清除筛网上的杂物,下班前要用清水将筛网清洗干净,但不能用水直接冲洗电动机,以免电动机受潮。

(6)当发现筛网破损时应及时更换。最好使用莲蓬头喷洒浆料,以减小浆料对筛网的冲击,延长筛网的使用寿命。

2. 过筛设备的故障处理

以振动筛为例,其常见故障的产生原因及排除方法见表1-13。

表1-13 振动筛常见故障的产生原因及排除方法

序号	故障现象	产生原因	排除方法
1	过浆速度过慢或浆料从出渣口排出	(1)筛网未绷紧 (2)纵向振幅偏小 (3)筛网网孔被堵住 (4)供浆速度过快	(1)调整筛网中部螺栓,重新绷紧筛网 (2)调整下偏心振块,增大纵向振幅 (3)清洗筛网 (4)降低供浆速度
2	浆料飞溅严重	纵向振幅过大	调整下偏心振块的活动部分,减小偏心距,减小纵向振幅
3	排渣不良	(1)电动机转向不对 (2)筛网未绷紧 (3)上、下偏心振块夹角不符合要求 (4)横向振幅偏小 (5)传动带过紧(针对具有带传动结构的振动筛)	(1)对换任意两相电源接头 (2)调整筛网中部螺栓,重新绷紧筛网 (3)调整上、下偏心振块,使其夹角在30°~40° (4)调整上偏心振块活动部分,增大横向振幅 (5)适当调整传动带的松紧程度
4	振动频率异常	(1)电动机两相运转 (2)传动带过松(针对具有带传动结构的振动筛)	(1)检查接线和熔丝情况,按需紧固或更换 (2)适当调紧传动带
5	噪声异常	(1)电动机轴承破损 (2)弹簧变形、损坏	(1)更换电动机轴承,加足润滑油 (2)更换损坏的弹簧,紧固新弹簧与弹簧座,以免振动筛工作时弹簧脱出

四、除铁设备的维护保养及故障处理

1. 除铁设备的维护保养

（1）在使用前应在断电情况下检查电源开关、电线接头是否完好，接地线是否安装牢固。

（2）应定期对除铁设备进行清洗，除去吸附的铁磁杂质。清除电磁盘中的铁磁杂质时应使用专用绝缘用具，不得用手在带电情况下进行操作。

（3）若发现电磁除铁器噪声过大或温度过高，应立即停机检查。

（4）拿放、搬运永磁除铁棒时应尽量避免撞击，以防其磁性削弱甚至消磁。应避免在易磁化环境中存放永磁除铁棒，如避免在钢板附近存放永磁除铁棒。

（5）使用电磁湿法除铁器时，在突然停电时应规范操作，避免不当操作对除铁质量造成不利影响。

2. 除铁设备的故障处理

除铁设备常见故障的产生原因及排除方法见表1-14。

表1-14 除铁设备常见故障的产生原因及排除方法

序号	故障现象	产生原因	排除方法
1	设备不能工作	（1）电源未接通 （2）主线圈开路	（1）检查整流器有无输出 （2）检查主线圈之间、主线圈与接线端之间有无断点，若有则应重新连接
2	外壳带电	（1）未装接地线 （2）线圈受潮或老化 （3）变压器油有杂质 （4）线圈连线对外壳短路	（1）牢固安装接地线 （2）对线圈进行干燥处理，若线圈老化严重应及时更换 （3）过滤或更换变压器油 （4）检查线圈连线，排除短路故障
3	温升过高	（1）工作电压过高 （2）线圈绝缘老化，匝间短路 （3）变压器油过少 （4）没有泥浆通过或泥浆浓度过高	（1）按说明书要求调整工作电压 （2）更换线圈 （3）补充变压器油至油标线处 （4）调整泥浆浓度至含水率为65%左右

五、搅拌设备的维护保养及故障处理

1. 搅拌设备的维护保养

（1）安装时应使搅拌机立轴位于搅拌池的中心，使螺旋桨和池底保持适宜的距离。

（2）对于传动部件要加装防护罩；对于非封闭式搅拌池和封闭式搅拌池人孔，要用木板等盖严，确保生产安全的同时，避免杂质落入影响泥浆质量。

（3）主轴的转向要与螺旋桨的旋向相适应。对于左旋螺旋桨，主轴应顺时针方向转动。

（4）当搅拌池中无液体时，禁止启动搅拌机，避免立轴因空转而弯曲变形。对于高速搅拌机，这一点尤为重要。

（5）当搅拌机主要用于潮解泥料、制备泥浆时，应先开机试运转，再加料作业。应将泥料缓慢加入搅拌池，且泥料块度不能太大，以防因过载而造成桨叶急剧磨损甚至折断等不良后果。

（6）桨叶的旋转必须平稳。除制造时要进行平衡试验外，在使用时可以在桨叶下方的轴端上安装配重块，加强桨叶转动时的平稳性。

（7）要防止石块、铁质零件等杂物掉入搅拌池内损坏桨叶。

（8）如因故障等原因停机时间过长，导致泥浆严重沉淀，应先采取措施稀释泥浆后再次开机，以免因过载而损坏桨叶、烧坏电动机。

2. 搅拌设备的故障处理

以螺旋桨式搅拌机为例，其常见故障的产生原因及排除方法见表1–15。

表1–15 螺旋桨式搅拌机常见故障的产生原因及排除方法

序号	故障现象	产生原因	排除方法
1	搅拌效果不良	（1）立轴不在搅拌池中心 （2）立轴转向不正确 （3）螺旋桨过度磨损	（1）调整立轴安装位置 （2）改变立轴转向 （3）更换螺旋桨
2	轴承损坏	（1）润滑不良 （2）立轴弯曲 （3）螺旋桨静平衡不好，离心力大	（1）及时加注油润滑 （2）校直或更换立轴 （3）校正螺旋桨静平衡
3	主轴弯曲或损坏	（1）立轴本身直线度差 （2）螺旋桨静平衡不好，离心力大 （3）无泥浆时空转 （4）料块太大，搅拌池内有石块等杂物	（1）校直或更换立轴 （2）校正螺旋桨静平衡 （3）禁止搅拌池无泥浆空转 （4）减小料块，清除搅拌池内杂物
4	螺旋桨损坏	（1）产品质量差，有缩孔等缺陷 （2）加料过快、料块太大 （3）搅拌池内混入石块、铁质零件等杂物	（1）更换合格产品 （2）泥料要分次加入，且要限制料块大小 （3）清除搅拌池内杂物

培训项目 3 坯料的压滤与练泥（A）

培训单元1 泥浆压滤

培训重点

1. 能根据异常情况判断压滤设备的故障原因并予以排除。
2. 能对压滤设备进行维护保养。

知识要求

一、压滤工艺的设计与控制

压滤工艺应根据泥浆的黏度、含水率、温度以及泥饼的使用要求等进行设计与控制。对泥浆进行压滤时，应注意加压方式、压力大小的控制和压滤设备的工艺布置。

1. 加压方式的控制

进行压滤时，先从低压开始基本维持恒速过滤，经过一段时间后再维持恒压过滤。例如，压力先升至 0.5 MPa 保持 20~30 min，然后逐渐升至终压 1.2 MPa，直至压滤结束。

2. 压力大小的控制

加大压力有利于提高压滤效率。另外，泥饼的含水率与压滤时的压力大小有关。

3. 压滤设备的工艺布置

为了降低从业人员的劳动强度，在进行压滤设备的工艺布置时，可将压滤机安装在离地面高 1.5~2 m 的平台上，平台下面设有小车或带式输送机，这样从滤布上脱落的泥饼就能直接落在小车或带式输送机上，被送往泥库陈腐或真空练泥机进行练泥处理。

二、影响压滤效率的因素

1. 加压方式

在压滤初期不宜采用高压，因为泥浆中含有黏土微粒，容易使第一层泥饼在滤布上的排列过于致密，甚至堵塞滤布的孔眼，影响压滤速度。因此，一般在加压初期采用较低的压力，然后再逐渐升压到最终操作压力。

2. 压力大小

一般来说，压滤效率与所加的压力成正比。但当压力超过一定数值时，则会降低压滤效率，这个数值与陶瓷泥料的性质有关。陶瓷泥料按物理性质可分为不可压缩成分（如长石、石英）与可压缩成分（如黏土）。不可压缩成分颗粒的大小及形状是不随压力变化而改变的，颗粒间的孔隙大小也不会改变。因此，加大压力对提高压滤效率是有利的。可压缩成分在承受相当大的压力时则被挤压而产生变形，颗粒间的毛细管孔道变小，这时继续增大压力，就会降低压滤速度。一般压滤时的压力为 0.8~1.2 MPa（8~12 kg/cm^2）。

3. 泥浆温度

温度升高，泥浆的黏度会降低，因此提高泥浆温度可以提高压滤速度。通常情况下，适宜的泥浆温度为 40~60 ℃。

4. 泥料性能

当泥浆相对密度较小时，往往会延长压滤时间。压滤所用泥浆的相对密度一般为 1.45~1.55，含水率在 60% 左右。

颗粒越细、黏性越强的泥料，越难进行压滤操作，因此，一般新磨泥料所需的压滤时间较短（30~60 min），而回坯泥浆料所需的压滤时间较长。为了有利于压滤，通常将新磨泥料与回坯泥浆料按一定比例混合后再进行压滤。

5. 电解质

在泥浆中加入 0.15%~0.2% 的 $CaCl_2$ 或醋酸，可促使泥浆凝聚，有利于提高压滤效率。

三、隔膜泵的维护保养及故障处理

1. 隔膜泵的维护保养

（1）开机前，先检查各运动部件有无故障，润滑情况是否良好，泵体与配管的连接处是否漏气。

（2）液缸和调压筒内应加满水。一般根据输浆压力大小，调整压力调节器中弹簧的弹力。

（3）若出浆管道上装有截止阀，则在开机前必须将其打开。

（4）隔膜泵是一种定量泵，一般来说其流量是不能调节的。如果要调节隔膜泵的流量，可以在出浆管道上安装旁路支管。切忌在出浆管道上安装阀门直接调整流量，因为这样容易造成生产事故。

（5）隔膜泵具有一定的自吸能力，为了防止隔膜泵停止工作后，泥浆中的固体颗粒在进浆管道内沉降而堵住出浆管道底阀，影响隔膜泵下一次工作，允许出浆管道不装底阀。

2. 隔膜泵的故障处理

隔膜泵常见故障的产生原因及排除方法见表1-16。

表1-16 隔膜泵常见故障的产生原因及排除方法

序号	故障现象	产生原因	排除方法
1	蜗轮箱发热	（1）蜗轮、蜗杆啮合不良 （2）蜗轮箱缺油 （3）轴承过紧	（1）调节蜗轮轴向位置，使蜗轮、蜗杆啮合良好 （2）为蜗轮箱加油至规定油位 （3）适当调松轴承
2	吸不上浆	（1）进浆阀或出浆阀卡死 （2）进浆管路有漏气现象 （3）缸内有空气未排除干净 （4）调压筒内没加水 （5）泵的吸浆高度过大，或进浆管道被堵塞 （6）柱塞或密封圈磨损严重	（1）检查进、出浆阀的开启情况 （2）检查进浆管路并按需进行修复 （3）排除缸内空气 （4）将调压筒加满水 （5）重新安装进浆管道，或排除堵塞物 （6）更换柱塞或密封圈
3	排浆量不足	（1）进浆管道泄漏 （2）某阀门失灵，或调压阀、补水阀泄漏 （3）柱塞密封不良、发生泄漏 （4）隔膜弹性差 （5）连接处有漏气现象	（1）检查进浆管道并按需进行修复 （2）更换相应的阀门 （3）更换密封件 （4）更换隔膜 （5）找到漏气点后予以修复

续表

序号	故障现象	产生原因	排除方法
4	压力上不去	（1）因某种原因排浆量不足 （2）出浆管道泄漏 （3）调压弹簧刚度不足	（1）结合上一故障现象原因进行排除 （2）检查出浆管路并按需进行修复 （3）更换调压弹簧

四、压滤机的维护保养及故障处理

1. 压滤机的维护保养

（1）加料前检查滤板的排列情况，不允许滤布出现折叠现象，以防大量泥浆渗漏。移动滤板时，用力应均匀、适当，不得碰撞、摔打滤板，以免损坏其密封面或把手。禁止在滤板少于规定数量的情况下开机工作，以免损坏机件。

（2）在压滤初期，滤液较浑浊，当滤布上形成一层滤饼后，滤液就会逐渐变清。如果滤液一直混浊或由清变混，则可能是滤布破损或布孔与板孔有偏差，此时要停止进料、更换滤布。

（3）加压过滤时，压力和泥浆温度必须在规定的范围之内。因为压力过高会引起渗漏，而泥浆温度过高滤板易变形。

（4）卸饼后一定要压紧滤板并将其排列整齐，同时必须将滤布及滤板冲洗干净，不允许残渣残留在密封面上或进料通道内，否则会影响滤板的密封性，导致滤板因两侧压力不平衡而变形、损坏。

（5）滤布要符合泥浆的压滤要求，新滤布在使用前应先经过缩水，且布孔直径应小于板孔直径。滤布与滤板配套使用时，布孔与板孔应相对同心，否则会造成滤液不清、压滤速度降低、布筒破裂，达不到压滤目的。

（6）使用回坯泥浆料时，必须将其与新料混合压滤，否则压滤阻力会很大。对泥浆进行加热可以降低其黏度，加快压滤速度，缩短压滤时间，但加热温度不宜太高（一般不超过60 ℃）。

2. 压滤机的故障处理

以箱式压滤机为例，其常见故障的产生原因及排除方法见表1-17。

表1-17　箱式压滤机常见故障的产生原因及排除方法

序号	故障现象	产生原因	排除方法
1	滤板的排水孔有泥浆漏出	滤布破损	修补或更换滤布

续表

序号	故障现象	产生原因	排除方法
2	滤板密封面喷浆	（1）密封面处有异物 （2）预紧力太低	（1）除去密封面处异物 （2）在规定的预紧力范围内，适当增大预紧力
3	数块滤板同时破裂	滤板中心的进料通道被堵塞	疏通滤板中心的进料通道
4	使用一段时间以后，压滤时间越来越长	滤布的毛细孔被固体颗粒堵塞	定期清洗滤布
5	压滤时间太长	（1）浆料黏度太大 （2）滤布不合适 （3）进浆流量太小	（1）将浆料在储浆池中用蒸汽加热至40～50 ℃；或在浆料中加入适当的添加剂，以降低黏度 （2）根据试验结果选择合适的滤布 （3）适当增大进浆流量
6	滤饼含水率太高	进浆压力低	在允许范围内适当增加进浆压力

培训单元 2　练　　泥

1. 能根据异常情况判断练泥设备的故障原因并予以排除。
2. 能对练泥设备进行维护保养。

一、影响练泥质量的因素

1. 泥饼软硬程度

从压滤机出来的泥饼通常内外软硬不一致，有时边缘已经很硬，但内部仍是泥浆因而较软。泥饼过硬不易被机内泥刀切碎，导致练泥设备发热而影响真空度；泥饼过软又容易堵塞真空室。软硬不一致的泥饼，练出来的泥条也软硬不一致。

2. 泥饼温度

泥饼温度过高，所含水分容易汽化而影响真空度；泥饼温度过低，练出来的泥条容易出现层裂。冬季时，练泥车间室温一般应保持在 15~20 ℃，泥饼温度不宜低于 30 ℃，但也不宜超过 45 ℃；夏季时，泥饼温度也不宜过高，最好用冷泥。

3. 加泥量与加泥速度

加泥量要根据练泥设备容量及泥料性能来决定，且不能一大块一大块地加入。加泥速度应适中，加泥过快时真空室易被堵塞而影响真空度，加泥过慢时会造成泥条脱节而使其产生层裂或断裂。

4. 真空度

真空度越高越好，真空度不足会影响泥条性能。

二、泥料工艺性能的控制与调整

1. 泥料含水率的控制与调整

成型方法、产品的规格和结构等不同，对泥料含水率的要求也不同。泥料含水率过高或过低都会对成型质量造成很大影响。在生产过程中，含水率不合格的泥料一般被退回前道工序重新处理，包括压滤、陈腐、练泥等工序。

泥料含水率过低时，在粗练时可加入少量的水，然后进行陈腐和真空练泥。泥料含水率过高时，可先与含水率较低的泥料混合后一起粗练，再进行陈腐和真空练泥；或放置一段时间后，让部分水分蒸发后再进行真空练泥。

2. 泥料可塑性的控制与调整

泥料的可塑性与坯料配方、坯料细度、陈腐时间、练泥机真空度以及加工工艺等密切相关。泥料可塑性较差时，可通过延长陈腐时间、多次真空练泥来适当改善。泥料可塑性偏差较大时，应将其作为回坯泥退回前道工序处理。

三、练泥工艺的设计与控制

1. 控制练泥时泥饼的含水率，通常其含水率宜在 23%~24%。采用手工拉坯成型方法时，泥饼含水率不宜超过 26%。

2. 练泥时加泥速度应均匀，泥饼大小要适当。加泥过快，真空室易被堵塞；加泥过慢，会造成泥条脱节。

3. 控制练泥时的真空度，粗练时真空度应大于 0.09 MPa，细练时真空度应大于 0.096 MPa。

4. 控制真空练泥的次数，一般粗练 1 次，陈腐后细练 2 次。注意，细练时不得加水。

5. 根据坯体的成型要求控制泥条的长度、直径、含水率等。

6. 控制泥条外观质量，泥条表面应光滑，断面应无气孔、无裂纹。泥条直径变形率不应超过 5%。泥条应按规定层数堆放，如生产直径在 8 in（20.32 cm）以上产品时一般堆放 3 层泥条，生产直径在 7 in（17.78 cm）以下产品时一般堆放 5 层泥条。

7. 泥条练好后应及时加盖塑料布，防止水分蒸发、杂质混入。应及时使用练好的泥条，若来不及使用而导致泥条堆放时间过长，应对其进行重新处理。

四、真空练泥机的维护保养及故障处理

1. 真空练泥机的维护保养

（1）检查真空练泥机的润滑情况，按使用说明书的规定对各润滑点加足润滑油。

（2）开动真空泵，待真空表读数达到规定的真空度数值后，方可启动电动机（先启动挤出螺旋用电动机，再启动加料螺旋用电动机）。

（3）如果真空练泥机有离合器，则应先使离合器处于分离状态再启动电动机，待电动机启动后，才能合上离合器驱动真空练泥机。

（4）加料时要均匀且加料量不宜过多。

（5）首段泥条的真空处理程度不够，不能使用，要将其重新练泥。在真空练泥机工作的过程中，应经常对泥条进行切片检查，检查泥条中有无气孔、裂纹和夹层等缺陷，泥条的含水率应符合工艺要求。

（6）应经常检查真空室筛板的出泥情况、轴承和机壳的温度情况，注意听齿轮啮合的声音，如发现异常情况，应立即停机进行检修。

（7）在真空练泥机停机前应先停止加料，待无法再挤出泥条后方可停机，以减小下次启动时的载荷。

（8）在真空练泥机停止工作后，应关闭真空泵，盖上加料槽的盖子，用湿布包住机嘴。若真空练泥机将长期闲置，应清理其中的泥料。

2. 真空练泥机的故障处理

真空练泥机常见故障的产生原因及排除方法见表 1–18。

表 1-18 真空练泥机常见故障的产生原因及排除方法

序号	故障现象	产生原因	排除方法
1	生产能力降低	（1）绞刀与机壳的间隙由于磨损而增大，造成泥料大量回流到真空室 （2）筛板堵塞 （3）加料量不足 （4）泥料过干	（1）修理绞刀和机壳衬套，减小绞刀与机壳的间隙 （2）拆下筛板进行清理 （3）适当增大加料量 （4）初次练泥时适量掺入含水率较高的泥料
2	真空室堵塞	（1）由于绞刀与机壳的间隙过大，泥料大量回流到真空室 （2）出料部分输送能力降低 （3）泥料含水率分布不均匀	（1）修理绞刀和机壳衬套，减小绞刀与机壳的间隙 （2）修理或调整出料部分的绞刀、压料滚筒或梳子板 （3）加料时注意干、湿泥料的均匀搭配
3	泥料发热	（1）泥料大量回流 （2）绞刀叶片之间夹有大块异物 （3）泥料过干，与绞刀转速不相适应	（1）修理绞刀和机壳衬套，减小绞刀与机壳的间隙 （2）拆机，清除大块异物 （3）适当搭配干、湿泥料或降低绞刀转速
4	真空度降低	（1）真空泵性能变差 （2）真空装置大量漏气 （3）滤气器中过滤介质太脏	（1）检查真空泵并按需修理 （2）查找漏气处并予以修复 （3）清洗或更换过滤介质

五、真空泵的维护保养及故障处理

1. 真空泵的维护保养

（1）真空泵应安装在干净、整洁的环境中，每日按要求对其进行维护保养，保持表面无灰尘、无杂物，防止杂物进入泵内。真空泵运行时，油温不应高于75 ℃。

（2）首次安装真空泵时，应检查电动机运转方向。一般在电动机顶部标出正确的运转方向。

（3）如果发现真空泵有异常情况，为了防止发生事故，应立即切断电源检查原因。

（4）如果真空泵需要连续 24 h 运行，则必须每 6 个月对真空泵全面检修一次。

（5）在真空泵正常运行过程中，真空泵油油面应不低于油标线。加油时，严禁混用不同品牌、型号的真空泵专用油。

（6）应定期更换真空泵专用油，一般每 3~6 个月更换一次。如果真空泵专用油出现乳化或炭化现象，则应及时更换。

2. 真空泵的故障处理

真空泵常见故障的产生原因及排除方法见表 1-19。

表 1-19 真空泵常见故障的产生原因及排除方法

序号	故障现象	产生原因	排除方法
1	真空度不够	（1）供电电压不足，导致电动机转速不够 （2）供水量不足 （3）叶轮与分配板的间隙过大，机械密封件破损导致漏水、漏气 （4）叶轮磨损严重 （5）循环水排不出	（1）检查供电电压是否在电动机的额定电压范围内 （2）加大供水量（但必须控制在适宜的范围内，否则会导致电动机因过载而发热） （3）调小叶轮与分配板的间隙（一般在 0.15~0.20 mm），更换机械密封件 （4）更换叶轮 （5）检查出水口管路
2	启动不了或者启动了但噪声过大	（1）供电电压不足或电动机缺相运行 （2）泵内吸入杂物 （3）叶轮与分配板的间隙过小，有摩擦现象	（1）检查供电电压是否过低、电动机接线是否牢靠 （2）打开泵盖去除杂物 （3）调节叶轮与分配板的间隙
3	电动机过热	（1）供水量过大，导致电动机过载 （2）电动机缺相 （3）排气孔堵塞 （4）叶轮转动时与其他部件发生干涉	（1）减少供水量至适宜范围（参照真空泵的使用说明书要求） （2）检查电动机接线是否牢靠 （3）检查排气孔，清除堵塞物 （4）打开泵盖，调节叶轮与其他部件的间隙
4	水流量不足	（1）管路漏气、漏液 （2）阻力损失增大	（1）检查管路连接处的机械密封件，按需更换 （2）检查管路及止回阀等有无故障

培训项目 4　颜料煅烧与煅烧后处理（B）

培训单元 1　设备的维护保养及故障处理

1. 能根据异常情况判断颜料煅烧设备的故障原因并予以排除。
2. 能对颜料煅烧设备进行维护保养。

一、锥形混合机的维护保养及故障处理

1. 锥形混合机的维护保养

（1）定期对设备进行清洁、润滑，定期对紧固件进行维护保养。

（2）设备启动正常后再加料混合，应按所要求的加料顺序缓慢加料。

（3）提前备齐密封圈、联轴器用橡胶圈、V 带和滚动轴承等，这些备件所在工作部位容易出现故障，应按需及时更换。

（4）定期检查 V 带的松紧程度。

2. 锥形混合机的故障处理

锥形混合机常见故障的产生原因及排除方法见表 1-20。

表1-20 锥形混合机常见故障的产生原因及排除方法

序号	故障现象	产生原因	排除方法
1	螺旋轴转动困难或不能正常转动	（1）螺旋轴承损坏 （2）螺旋轴与轴承之间存在杂质 （3）润滑不足	（1）更换螺旋轴承 （2）清除螺旋轴与轴承之间的杂质 （3）添加润滑剂
2	混合效果不理想，物料未能充分混合均匀	（1）混合时间不足 （2）物料量过大或过小 （3）物料黏附在容器壁上	（1）延长混合时间 （2）调整物料量 （3）按时清理容器壁
3	振动或噪声异常	（1）搅拌器与容器壁碰撞 （2）螺旋轴不平衡 （3）螺旋轴承松动等	（1）调整搅拌器方位，确保其不与容器壁碰撞 （2）调整螺旋轴的平衡或替换导致不平衡的部件 （3）检查并紧固螺旋轴承
4	设备内的残留物料难以清理	（1）设备结构设计得不合理 （2）物料含水率偏高、黏附性较强	（1）优化设备结构，减少死角和难以清洁的部位 （2）降低物料含水率，防止物料黏附在设备上

二、V形混合机的维护保养及故障处理

1. V形混合机的维护保养

（1）使用前应先打开投料口，在确认出料口已关闭后，按工艺要求投入规定量的物料。

（2）投料完毕应关闭投料口并将其锁紧，以防混料时物料流出。

（3）启动时应按下V形混合机的正转按钮，调节电动机转速至设备正常运行。

（4）V形混合机运转时，机身应匀速运转且无异响，否则应立即停机进行检修。

（5）当混料时间达到工艺要求后，应通过调节电动机转速按钮停机，停机时应使出料口正对地面，然后切断电源。

2. V形混合机的故障处理

V形混合机常见故障的产生原因及排除方法见表1-21。

表1-21 V形混合机常见故障的产生原因及排除方法

序号	故障现象	产生原因	排除方法
1	设备发出异响、振动	（1）设备安装基础不平稳，或设备未水平安装 （2）变速器损坏 （3）润滑油不足	（1）检查设备安装基础是否平稳，设备是否水平安装 （2）维修或更换变速器 （3）添加润滑油

续表

序号	故障现象	产生原因	排除方法
2	突然停机	设备内物料过多，过载	将设备内的物料排出一部分后再重新启动
3	出料门漏料	机壳与出料门之间的密封性不好，密封条老化或者出料门未关严	检查机壳与出料门之间的密封条，若密封条老化则需要更换，关紧出料门
4	无法启动或者启动困难	（1）电压过低 （2）投入的物料过多，过载 （3）电源没有正常接入或者缺相	（1）需要避开用电高峰，待电压正常后使用 （2）排出一部分物料，减少载荷 （3）检查电源线路的连接是否正确，按需重新连接
5	生产效率低	（1）变频电动机功率不足 （2）传动带磨损、打滑	（1）调整变频电动机功率 （2）更换传动带

三、梭式窑的维护保养及故障处理

1. 梭式窑的维护保养

（1）梭式窑窑体、窑车及所有附属设备严禁任何形式的碰撞或敲击。煅烧车间应保持干燥，不漏水。严禁用手或其他物品按压窑炉上的陶瓷棉。

（2）每次装窑、开窑时，必须轻拿轻放窑具，窑车的拉出与推进也必须缓慢进行。梭式窑不生产时，窑车上不能放置物品，应保持窑车表面干净、整洁。

（3）生产前应先检查排烟风机轴承的润滑情况，按要求对各风机进行润滑。然后打开燃气管道手动球阀，检查燃气压力是否正常。再闭合电源总开关，检查电压表的电压值是否在 370~400 V 之间。

（4）先启动排烟风机，待其运行平稳后启动助燃风机，待助燃风压达到设定值（2 000~4 000 Pa）后打开燃气电磁总阀，然后在窑炉控制柜或窑体两侧按下点火按钮，相应烧嘴便会自动点火。若一次点火失败，则控制器左上方的报警指示灯会闪烁，操作人员按下相应的复位按钮重新点火即可。

（5）随时检查排烟总管的烟气温度，不得高于 500 ℃。若烟气超温应打开配风口，降低排烟总管的烟气温度。当窑内温度降至 300 ℃ 以下、准备打开窑门时，可以关闭排烟风机。

（6）应经常检查窑内压力，低温时保持负压，高温时保持微正压，冷却时保持负压或零压。若窑压过高或过低，可以调小或调大配风口，以增大或减小排烟量。注意窑炉外侧板的温度，防止窑内正压过大、热气外窜而烧坏侧板。

（7）大部分颜料采用氧化焰烧成，当产生还原焰时应调整空气、燃气的比例。

（8）当突然停电、风机温度过高时，应在保障窑压、氧化焰气氛的前提下，减小排烟量。

（9）每周检查一次燃气管各接头是否漏气，检查时用浓肥皂水涂抹接头处，有气泡则说明漏气。

（10）每月检查一次主控制阀、燃气安全系统、喷枪燃气阀、燃气电磁切断阀、燃气调整球阀、燃气/空气比例阀、燃气测量孔等是否漏气。

（11）定期清洗风机滤网，经常检查风机的振动与噪声情况。

（12）装窑时应注意窑内热电偶露头位置，防止碰坏热电偶。

2. 梭式窑的故障处理

梭式窑常见故障的产生原因及排除方法见表1-22。

表1-22 梭式窑常见故障的产生原因及排除方法

序号	故障现象	产生原因	排除方法
1	高压报警或低压报警	（1）控制线路的熔丝熔断或松动 （2）主控制阀设置值太高或太低	（1）检查或更换熔丝 （2）调整主控制阀设置值
2	无法控制主管道燃气压力	（1）稳压阀橡胶膜片损坏 （2）主管道稳压阀的法兰密封面上有较多灰尘	（1）更换稳压阀橡胶膜片 （2）清洁主管道稳压阀的法兰密封面
3	点火不成功	（1）助燃风压过大 （2）虽然燃气电磁总阀是打开的，但燃气压力偏小 （3）燃气电磁总阀无电，点火器不动作	（1）检查助燃风压是否过大 （2）调整减压阀（与燃气电磁总阀串联），适当提高燃气压力 （3）检查燃气电磁总阀和点火器线路

四、超微粉碎机的维护保养及故障处理

1. 超微粉碎机的维护保养

（1）定期清理。超微粉碎机在使用过程中会产生一些粉尘和杂质，这些粉尘和杂质会影响设备的正常运转和研磨效率。因此，需要定期清理超微粉碎机。可以拆下研磨盘和研磨珠，用干净的布或刷子清洁研磨盘和研磨珠，并将超微粉碎机内部的粉尘和杂质清除干净。

（2）检查润滑系统。检查油量是否足够、油品是否符合要求、油管是否破损等。若发现润滑系统出现问题，应及时更换润滑油或修复润滑系统。

（3）定期更换易损件。易损件包括研磨盘、轴承等，易损件磨损后会影响超微粉碎机的研磨效率和使用寿命，因此，需要定期更换易损件。研磨盘的使用寿命约为 1 500 h，轴承的使用寿命约为 2 年。

（4）安全使用电源。保持电源稳定工作，避免突然断电或电压波动，这样可以避免超微粉碎机受到电源的影响而产生故障。

（5）停机后进行清洁。在停机时应先关闭电源，然后拆下研磨盘和研磨珠进行清洁，最后将超微粉碎机内部的粉尘和杂质清除干净。

2. 超微粉碎机的故障处理

超微粉碎机常见故障的产生原因及排除方法见表 1-23。

表 1-23 超微粉碎机常见故障的产生原因及排除方法

序号	故障现象	产生原因	排除方法
1	电动机温度升高	（1）设备长时间连续工作 （2）电动机轴承损坏 （3）电动机转动部分不平衡	（1）停机，让设备适当休息 （2）更换电动机轴承 （3）调整主轴及转子的平衡
2	研磨不均匀	（1）刀片损坏 （2）电动机转速不稳定	（1）更换刀片 （2）调整电动机转速
3	研磨效率降低	（1）物料湿度高、黏性大 （2）刀具磨损、筛网堵塞	（1）调整物料性能参数 （2）更换刀具、清洁筛网
4	有异响或噪声过大	（1）零件损坏或脱落，或石块、铁块等坚硬异物混入 （2）电动机工作异常 （3）设备部件松动等	（1）停机检查，更换损坏的零件或取出坚硬异物 （2）检查电动机 （3）检查设备部件是否处于良好的状态
5	进料口反喷	（1）风门调节不当 （2）输送管道、筛孔堵塞，集粉袋太短或透气性较差	（1）正确调节风门 （2）清除堵塞物，更换集粉袋
6	轴承过热	（1）轴承润滑不良、损坏，主轴弯曲、转子严重不平衡 （2）传动带过紧等	（1）添加或更换润滑油、更换轴承或主轴、重新使转子平衡 （2）调整传动带松紧程度
7	振动强烈	（1）锤片安装、布置错误，相邻两组锤片质量差过大 （2）轴承损坏或主轴弯曲 （3）地脚螺栓松动	（1）重新安装、排列锤片，平衡相邻两组锤片的质量 （2）更换轴承或主轴 （3）拧紧地脚螺栓

五、犁刀混合机的维护保养及故障处理

1. 犁刀混合机的维护保养

（1）定期清理电气控制箱，除去电器元件上的粉尘，防止接触器触点烧坏。

（2）开机前应检查设备各部位是否正常完好（如电源线、传动部位紧固件、投料口、人孔盖板等），作业场地是否整洁。然后检查机内有无物料，应空载启动试运行。启动后应检查旋转方向是否正确，各部位有无异响，油位、温升是否符合要求。在设备运行3～5 min后，若无异常则可以关机待用。

（3）投料前设备的投料口、卸料口周围应保持整洁。投料现场不得堆放其他物料。必须严格按各种物料的配比进行投料。

（4）投料完毕，经检查无误方可开机混合。混合时间必须按工艺要求严格执行。

（5）设备运行过程中应由专人进行巡回检查，注意油位、温度、声音等。

（6）应做好主传动链的维护保养工作，定期调整主轴传动带的松紧程度。

2. 犁刀混合机的故障处理

犁刀混合机常见故障的产生原因及排除方法见表1-24。

表1-24 犁刀混合机常见故障的产生原因及排除方法

序号	故障现象	产生原因	排除方法
1	设备过热	（1）润滑剂不足，轴承过热 （2）主轴弯曲、损坏	（1）添加润滑剂 （2）更换主轴
2	有异响	未水平安装	进行安装调整
3	整机振动	（1）转子不平衡 （2）锤片折断或磨损严重	（1）调整转子的安装平衡 （2）定期检查锤片，发现锤片折断或磨损严重时及时更换

培训单元2　影响颜料质量的因素

1. 了解颜料颜色与着色原料的关系。
2. 了解影响颜料质量的因素。
3. 掌握陶瓷颜料缺陷的产生原因及解决办法。

一、着色原料与着色

1. 常用着色原料

陶瓷颜料的原料按其作用可以分为着色原料、载色母体和矿化剂三类。常用的着色原料有各种着色氧化物或相应的氢氧化物、碳酸盐、硝酸盐、氯化物、磷酸盐、硫酸盐、铬酸盐、重铬酸盐等。

用于生产陶瓷颜料的着色原料通常为工业纯或化学纯的化工原料,要严格控制其化学组成、矿物组成和颗粒组成。着色原料具有一定的颗粒细度,细颗粒促进固相反应,使色调变得均匀。陶瓷颜料品种、生产工艺不同,对着色原料的细度要求也不同,通常要求其细度在 200~400 目(粒径在 0.038 5~0.076 mm)。

常用的着色原料见表 1-25。

表 1-25 常用的着色原料

化学成分	着色原料
TiO_2	板钛矿、锐钛矿、金红石、钛白粉(TiO_2)
Sb_2O_5	五氧化二锑
ZnO	氧化锌
V_2O_5	五氧化二钒、偏钒酸铵(NH_4VO_3)
Cr_2O_3	氧化铬、重铬酸钾($K_2Cr_2O_7$)、铬酸铅($PbCrO_4$)
MnO_2	二氧化锰、碳酸锰($MnCO_3$)、磷酸氢锰($MnHPO_4$)
Fe_2O_3	氧化铁、七水合硫酸亚铁($FeSO_4 \cdot 7H_2O$)(绿矾)
CoO	氧化钴、碳酸钴($CoCO_3$)、磷酸钴$[Co_3(PO_4)_2]$
NiO	氧化镍
CuO	氧化铜、碱式碳酸铜$[CuCO_3 \cdot Cu(OH)_2]$
CdO	氧化镉、硫化镉(CdS)、碳酸镉($CdCO_3$)
SeO_2	无水亚硒酸、金属硒粉(Se)
Pr_6O_{11}	氧化镨
CeO_2	氧化铈

2. 颜料颜色与着色原料的关系

（1）黑色。黑色颜料中除（Cr，Fe）O_3外均为尖晶石型颜料。在尖晶石型颜料中，CoO是不可缺少的成分。MnO_2有益于黑色的呈色，但它往往会导致釉面产生气泡。

黑色尖晶石型颜料的共同点是不含ZnO。因为ZnO会和黑色颜料中的Cr_2O_3、Fe_2O_3反应生成更稳定的Zn（Cr，Fe）$_2O_4$尖晶石，该尖晶石是棕色的，能使黑釉泛棕色。ZnO还会和黑色颜料中的CoO、Cr_2O_3等反应生成更稳定的（Co，Zn）（Al，Cr）$_2O_4$尖晶石，该尖晶石是绿色的，能使黑釉泛绿色、变暗淡。

黑色尖晶石型颜料在石灰-钡釉和含铅熔块釉中会呈现非常鲜明的黑色。

（2）灰色。锑锡灰是在SnO_2中固溶锑，从而呈现灰色的。在制备灰色颜料时，配料中的Sb_2O_3在加热条件下生成Sb_2O_4（一种复合氧化物，Sb^{3+}、Sb^{5+}的配位数均为6）。Sb_2O_4中的Sb^{3+}、Sb^{5+}置换了SnO_2中的Sn^{4+}，形成置换型固溶体，使颜料呈现非常美丽的蓝灰色。如果在其中再固溶钒，则形成Sn（Sb，V）O_2固溶体，其颜色偏灰。此外，该色系颜料中的Zr-Si-Co-Ni锆英石灰含有少量的Co^{2+}，呈现灰中偏蓝的颜色。

（3）黄色。呈橘黄色的钒锆黄是在ZrO_2中固溶少量的Y_2O_3，使ZrO_2保持单斜晶体，再在单斜晶体的ZrO_2原始晶体表面吸附钒而形成的。铬钛黄有Ti-Cr-Sb颜料和Ti-Cr-W颜料两种，它们是金红石型颜料与TiO_2以不等价离子置换的方式（$Cr^{3+}+Sb^{5+}\rightleftharpoons 2Ti^{4+}$或$2Cr^{3+}+W^{6+}\rightleftharpoons 3Ti^{4+}$）形成的，即同样是金红石型的（Cr，Sb）$O_4$或$Cr_2WO_6$和$TiO_2$反应形成不等价置换固溶体（置换过程中总电价保持不变）。（Cr，Sb）O_4在分解过程中生成的Sb_2O_4与上述灰色颜料的情况一样，以$Sb^{3+}+Sb^{5+}\rightleftharpoons 2Ti^{4+}$的形式固溶在$TiO_2$中。其中，Ti-Cr-Sb颜料的颜色可以通过改变Sb的含量来加以调节。

（4）棕色。在棕色颜料中，尖晶石型颜料占有极其重要的地位。ZnO是尖晶石型棕色颜料的主要成分之一。ZnO·（Al，Cr，Fe）$_2O_3$是尖晶石型固溶体。通过改变固溶体中Al^{3+}、Cr^{3+}、Fe^{3+}的比例，可以得到从肤色到棕黄色、棕红色、巧克力色直至棕黑色等范围广泛的各种颜色。Zr-Si-Pr-Fe系棕色是将同为锆英石型颜料的锆镨黄（Zr-Si-Pr）和锆铁红（Zr-Si-Fe），通过均匀混合而得到的调和色颜料。通过改变两种主要颜料的比例，可以得到从骨色到肤色、杏色、棕黄色、棕红色等各种调和色。

（5）绿色。氧化铬是绿色颜料之本。传统的绿色颜料有黄绿色的Ca-Cr-Si系的维多利亚绿和蓝绿色中蓝色调偏强的 Co-Zn-Al-Cr 系的孔雀蓝等。维多利亚绿对基釉有严格的要求。它在含 ZnO 的釉中会分解，因此不能用于含锌的釉中。

用锆钒蓝（Zr-Si-V）和锆镨黄（Zr-Si-Pr）或锡钒黄可以制得绿色调颜料，该系列颜料可以应用在石灰－锌－铅釉中，其使用范围较广。

（6）蓝色。习惯上将以 $CoO·Al_2O_3$ 尖晶石作为主晶相的颜料统称为钴蓝，而将含有 ZnO 的颜料称为海碧。Co-Al-Si 系颜料是将氧化钴与高岭石等配合后再煅烧得到的 $CoO·Al_2O_3$ 尖晶石。Co-Zn-Si 系颜料则是在氧化钴中加入 ZnO、SiO_2 后再煅烧得到的。

在硅锌矿（Zn_2SiO_4）结构中，以 $Co^{2+} \rightarrow Zn^{2+}$ 的置换形式，将 Co^{2+} 固溶在 Zn_2SiO_4 中，仍保持硅锌矿结构（约有一半的 Zn^{2+} 被 Co^{2+} 置换），由此可以得到与 $CoO·Al_2O_3$ 尖晶石相比偏红的紫蓝色颜料。

Co-Si 颜料则是在氧化钴中加入 SiO_2 烧制而成的。Co-Si 系颜料的主要成分为 Co_2SiO_4，Co^{2+} 占据全部八面体空隙，其配位数为 6，色调为紫红色。因为它在釉中呈现紫蓝色，所以将它列入蓝色颜料中。

在上述颜料中，钴都保持为 Co^{2+} 的价态。

紫蓝色还可以通过在釉中直接加入少量的氧化钴来呈现。但在商品氧化钴中，除了 CoO 外，还混有 Co_3O_4（$CoO·Co_2O_3$），其中 Co^{3+}（呈现红色）会影响蓝色颜料的呈色。

注意，在釉中加入 1%（质量分数）的氧化钴，是无法使它在釉中分散均匀的。只有先将氧化钴置于作为釉主要成分的 SiO_2、Al_2O_3 中稀释，再加入釉中，才能保证 Co^{2+} 以 +2 价的状态均匀地分散在釉中，所呈现的颜色被称为绀青。

锆英石型颜料中的锆钒蓝（Zr-Si-V）与钴系蓝色颜料相比，呈色偏绿。

（7）品红、紫色、红色。Ca-Sn-Si-Cr 系颜料是在锡楣石（$CaO·SnO_2·SiO_2$）中固溶入微量的 Cr 后形成的。它在无 ZnO、MgO 或低 ZnO、MgO 且 Al_2O_3 含量较低的釉中呈现其他颜料所不能呈现的鲜明玛瑙红色。

Ca-Sn-Si-Cr-Co 系颜料是在 Ca-Sn-Si-Cr 系颜料中再固溶入 Co 而形成的。Zn-Al-Cr 系尖晶石型桃红颜料对基釉的要求和铬锡红正好相反，它在 ZnO、Al_2O_3 含量高的釉中，呈现鲜明的桃红色。

Cd（S，Se）大红颜料的高温稳定性很差，因而其使用范围受限。若是将它用稳定的 $ZrSiO_4$ 晶体包裹，便可制得在 1 300 ℃ 下仍然稳定的新型包裹颜料。

二、影响颜料质量的因素

1. 原料质量

在人工合成颜料的生产过程中，原料质量的波动对产品质量的影响很大。原料纯度越高，烧出来的产品就越好。像锑锡灰、钒锆蓝等品种，对其原料的纯度要求都很高，一般纯度要达到99.8%以上。特别是在沙漠红颜料的生产中，氧化钇的纯度对产品最终呈色的影响十分明显。

但是出于对产品成本的考虑，有些产品可以适当放低原料质量要求。例如，钛黄系列产品中的原料氧化锑和钛白粉除了根据客户需要调整纯度外，还可根据其相互配合的需求来调整纯度。当所用氧化锑纯度在98.0%以上时，可以降低对钛白粉纯度的要求；而当所用钛白粉纯度在98.0%以上时，也可以降低对氧化锑纯度的要求，但需要适当地调整两种原料的配方用量。

2. 混料方式

颜料的混料方式主要有干法混料和湿法混料两种。实际生产中多采用干法混料，如锆黄、钴蓝、橘黄色颜料等产品；有些产品需要采用湿法混料，如釉用的金棕色颜料、金黄色颜料等。注意，进行干法混料时还应考虑物料的性状，有的产品需要进一步均化处理。例如，钛黄系列产品经过锥形混合机混合后，还需要经过爪式机打粉均化，以保证产品性能达到最佳。

3. 混料设备

陶瓷颜料生产企业在日常生产控制中要保持同一产品的一致性，从而保证产品质量的稳定性。有时会因生产上的一些原因而改变同一产品不同批次的工艺流程。例如，黑色系列产品一般使用搅拌磨来混料。搅拌磨混料的特点是混料均匀，但单次混料量只有100 kg左右，因而不能满足短时间内大批量生产的需要。因此，当需要进行大批量生产时，就需要使用锥形混合机来混料，通常其单次混料量在2 t左右，但是需要增加打粉均化工序。也有一些产品是不需要打粉的，如锰红系列产品，经锥形混合机混合后，可直接进入装窑工序。

4. 混料时间

生产中混料时间根据跟踪取样的品检情况确定，有些产品需要进一步取样并在试验电炉中煅烧后再确认。使用锥形混合机的混料时间一般控制在2 h左右。混料时间的长短对产品的呈色有很大影响。

5. 烧成工艺

烧成是保证颜料质量的重要生产工序。烧成控制的关键因素包括最高烧成温度的控制、烧成曲线的合理设置、保温时间的控制等。在实际生产过程中，应根据各企业产品的不同以及配方和原料的差异来进行控制。特别是镨黄这个品种，烧成温度偏高或偏低都达不到产品的质量要求。

烧成曲线控制的原则是前快、中缓、后慢。注意，当配方中的铝以氢氧化铝的形式引入时，必须留有足够的时间使其排净结晶水。制定升温曲线时，要在前段部分将生料中的挥发物和结晶水排除，在后段部分留有足够的时间使其反应生成新晶相。保温时间一般在 2~4 h，但釉用黑色系列产品和锆铁红的保温时间需要适当延长。大部分颜料产品都需要采用氧化气氛烧成。

6. 后期加工

经过煅烧的颜料半成品，出窑后要经过粉碎才能进入下一道工序。粉碎的主要目的是初步均化和细度加工，经过初步加工的产品细度一般在 10~20 目（粒径 0.9~2 mm）。其中，坯用颜料可使用雷蒙机和超微粉碎机来进行加工，细度一般控制在 320 目（粒径 0.048 mm）左右，但随着细度的增大，锰红、钛黄系列产品在坯体中的呈色会逐渐减弱。釉用颜料主要使用球磨机进行湿法加工，细度一般要求控制在 400 目以上。可根据产品性质的不同加酸或者加碱进行水洗，产品的 pH 值一般控制在 7 左右。

三、陶瓷颜料缺陷的产生原因及解决办法

陶瓷颜料缺陷的产生原因及解决办法见表 1-26。

表 1-26 陶瓷颜料缺陷的产生原因及解决办法

序号	缺陷现象	产生原因	解决办法
1	颜料的生烧与过烧	煅烧窑炉温度控制不当，煅烧温度过低或过高	调整煅烧温度
2	颜料呈色能力不强或呈色不正	（1）颜料粉磨时间过长，颜料过细 （2）颜料混合时间不足，混合不均匀	（1）缩短颜料粉磨时间，控制颜料细度 （2）延长颜料混合时间
3	颜料细度不够	颜料粉磨时间不足	延长颜料粉磨时间

培训项目 5 粉料的制备与存储（C）

培训单元1 粉料制备

培训重点

1. 能对喷雾干燥塔的运行情况进行监控。
2. 能解决喷雾干燥工艺的常见技术问题。
3. 能根据异常情况判断柱塞泵、热风炉、喷雾干燥塔等设备的故障原因。
4. 能排除喷雾干燥过程中的设备故障。

知识要求

一、喷雾干燥工艺的设计与控制

喷雾干燥是指将泥浆喷洒成雾滴，并使其立即与热空气接触，其中的水分在很短时间内（几秒至十几秒）蒸发，从而得到干燥粉料的方法。

泥浆的喷雾干燥过程主要包括泥浆的制备与输送、热空气的产生与供给、雾化与干燥、干粉收集与废气分离等。一般采用以喷雾干燥塔为主体，附有柱塞泵、热风机、排风机与收集细粉的旋风分离器等设备的机组来完成整个喷雾干燥过程。

1. 泥浆的制备与输送

泥浆由柱塞泵压入喷雾干燥塔的雾化器中，雾化器将泥浆雾化成细滴，细滴遇热空气干燥脱水，得到仍然含有一定水分的固体颗粒，固体颗粒进入喷雾干燥塔底部并从出口处卸出,而带有微粉及水蒸气的空气则经旋风分离器收集后由排风机排出。

2. 热空气的产生与供给

常用燃油、煤气、煤炭作为燃料制得热空气。为了提高喷雾干燥塔的热效率,热空气进入塔内的温度宜为 400~500 ℃。由于燃料直接燃烧得到的热空气温度高达 1 000 ℃,所以需要混合部分冷空气来降低其进塔温度。

3. 雾化与干燥

雾化方法根据雾化原理分为压力法、气流法和离心法三种,根据热空气和物料的流动方式又可分成逆流式与顺流式两类。目前,陶瓷工业生产中采用较多的是压力混合流法(雾化器为喷嘴式的)和离心顺流法(雾化器为离心式的)。前者热能利用率高,且所用的喷嘴式雾化器结构简单、拆换容易,但喷嘴直径小、易磨损和堵塞。后者所用的离心式雾化器结构较复杂,加工要求严格,维修困难,但在连续操作时可靠性高,不易磨损和堵塞。

确定雾化方法时应从粉料质量要求、操作灵活性、设备维护和加工要求、生产成本等方面全面考虑。当压制尺寸较大、坯体较厚和采用高速压机压制产品时,通常希望粉料容易排出空气和填满模型内腔,因而一般要求粉料颗粒稍粗、颗粒尺寸分布范围较宽、堆积密度较大,选用压力法雾化易于满足这些要求。若对粉料的颗粒大小及分布要求不严格(如用喷雾干燥粉料和泥浆调制成可塑泥料),则可优先考虑离心法,因为该方法的适应性较强,即使泥浆性能和进浆量发生变化也仍能达到良好的雾化效果。

4. 干粉收集与废气分离

从废气中回收细粉的情况将直接影响喷雾干燥工艺的经济指标。泥浆经喷雾干燥器干燥后,产生的废气温度高达 45~90 ℃,一般采用旋风分离器作为分离设备,而不用袋式过滤器。

二、影响干粉性能和干燥效率的主要因素

1. 泥浆性能和进浆量

泥浆含水率过高时,燃料消耗量较大;泥浆含水率过低时,又不易雾化。对于含有 50% 左右黏土的浆料而言,含水率一般为 35%~50%。此外,喷雾干燥工艺要求采用流动性好又无触变性的浓泥浆。因此,可采用与原料特性相适应的泥浆稀释剂来解决泥浆性能问题。常用的泥浆稀释剂有碳酸钠、单宁酸钠、腐殖酸

钠、木质素磺酸盐、羧甲基纤维素等。

进浆量大小与进风温度和流量有关，它会影响粉料的最终含水率。

2. 热空气温度和废气温度

喷雾干燥工艺所要求的热空气温度取决于泥浆的组成和性质，一般要求泥浆中的成分不会因干燥而发生变化，也不会因温度过高而干燥过快。否则，物料表面容易形成一层硬壳而内部却仍然是湿的，硬壳将阻碍雾滴收缩，导致内部水分蒸发后留下的空隙无法缩小，因而粉料堆积密度较低。因此，热空气进塔时的温度不能太高。加工干燥釉面砖、耐酸砖浆料的热空气温度以 450~480 ℃为宜。进塔的热空气温度也不能太低，否则达不到较好的干燥效果。

排出的废气温度也是喷雾干燥工艺的重要参数，因为它直接关系到粉料的含水率。在进气温度、塔内压力、喷雾盘转速等操作条件基本不变的情况下，废气温度升高会导致粉料含水率降低。但进浆量减少时，废气温度会升高。调节泥浆流量可以较容易地改变废气温度。所以，若能自动控制泥浆流量与排风温度，就能保证粉料含水率稳定、喷雾干燥塔正常运行。当粉料含水率维持一定值时，废气温度应随着干粉产量的增加而升高。

3. 喷雾盘转速与喷雾压力

采用离心顺流法时，在泥浆相对密度及其他操作条件不变的情况下，当喷雾盘转速加大时，粉料的粗颗粒比例降低而细颗粒比例大幅度提高，粉料堆积密度下降，压制成型时容易出现分层和粘模问题，压缩比增大，能耗增加。

采用压力混合流法时，工作压力即喷雾压力是影响喷射高度的主要因素，该压力与喷雾干燥塔内部高度有关。不同孔径喷嘴的喷射高度和流量均随着压力的增加而增大，通常喷雾压力越高则雾滴越细。

三、粉料质量的调整与优化

1. 选择合适的雾化角

雾化程度关系到粉料的流动性，即粉料的成型性能。若雾化不均匀则会有较大的液滴存在，这类液滴干燥速度相对较慢，来不及干燥会导致粘壁的可能性显著增加。而雾化角过大或过小也会造成粉料粘壁。

选择合适雾化角的方法具体如下。

（1）雾化角、喷嘴孔径与旋流室高度相匹配。旋流室高度降低、喷嘴孔径增大，则雾化角增大；反之，则雾化角减小。

（2）雾化角、旋流室高度与泵压相匹配。泵压一定时，雾化角随着旋流室高度的降低而增大。旋流室高度一定时，雾化角随着泵压的增大而增大。为了保证充分、稳定雾化，泵压不能太低，并且泵压要稳定，这样可以防止在泥浆搅拌过程中产生湍流或大量旋涡，提高泥浆的流动性，使泥浆易于雾化。

（3）雾化角、喷嘴分布间隔与喷枪角度相匹配。在实际生产中应考虑雾化角、喷枪角度与喷射高度三者的关系。为了保证各喷嘴有足够的雾化空间，喷嘴在塔内沿圆周方向的分布间隔要合理，且喷枪角度宜保持在110°～120°，以保证泥浆与热空气进行充分的热交换。如果喷嘴在塔内分布不合理或喷枪角度有问题，则会造成雾化区重叠（通常发生在两个或多个喷嘴之间）而影响干燥效果，使出料口流出的粉料中含有过湿的颗粒，甚至出现粘壁现象。

2. 调整与控制泥浆的含水率和黏度

在其他条件不变的情况下，随着泥浆含水率的增大、粉料中细粉比例的增加，粉料成型越发困难。泥浆含水率越低，粉料中大颗粒越多，则越有利于成型。泥浆的含水率对喷雾干燥塔的产量也有很大影响，提高泥浆浓度可以提高喷雾干燥塔产量，降低能耗。

泥浆黏度大，粉料中粗颗粒就相应多一些；泥浆黏度小，粉料中细颗粒就相应多一些。在生产中，泥浆黏度过大容易堵塞喷枪，而黏度过小容易导致粉料粘壁。因此，在生产中要按实际情况适当控制泥浆黏度，如果与泥浆浓度一起考虑，则黏度应偏大一些，以降低能耗。

3. 调整与控制泥浆压力

泥浆压力（即送浆压力）越高，粉料中细颗粒所占比例越大；泥浆压力越低，粉料中粗颗粒所占比例越大。但是泥浆压力过低，会导致喷雾干燥塔制粉能力下降，制粉成本大幅度提高；而泥浆压力过高，则会导致泥浆雾化效果不好，部分泥浆可能碰到塔壁而发生粘壁等。因此，要根据喷雾干燥塔的大小决定泥浆压力，同时，考虑压机所需的粉料颗粒级配。

提高泥浆压力，可以显著提高喷雾干燥塔的产量。注意，在更换柱塞泵时，需要同步更换泥浆管道，以使管道直径与泵相匹配。

提高泥浆压力，泥浆流速加快，其中的颗粒易于雾化，因此干燥速度快、产量大。但如果泥浆压力过高，则会影响泵的使用寿命，加快喷嘴的磨损速度。一般泥浆压力不超过 2.0 MPa。

泥浆压力高低对颗粒级配和产量的影响是相反的。从成型角度来看，采用低压较好;但从产量来看,采用高压较好。因此,在实际生产中要综合考虑各方面因素确定合理的泥浆压力。

4. 调整与控制喷片孔径

调整喷片(喷嘴内的小零件)孔径能显著改变粉料的粒径分布。随着喷片孔径增大,粉料中粗颗粒所占比例明显增大。如果需要增加大颗粒和产量,可增大喷片孔径。搭配使用多种孔径的喷片效果较好。

注意,喷片孔径增大使雾化角变大,也使产量增加,但雾化区易重叠,粉料易出现黏结现象,因而其流动性有所降低,对压制成型反而不利。因此,要合理设计喷片孔径,这样才能生产出合格的粉料,同时提高喷雾干燥塔的产量。

5. 调整与控制进塔热空气的温度及流量

一方面,提高进塔热空气的温度能带入更多的热量,从热平衡的角度来看,可以相应地增大进料量,从而提高喷雾干燥塔的产量,但温升要适宜。另一方面,进塔热空气温度的提高,会使雾滴与其接触时在表面迅速形成一层硬壳,阻碍雾滴的收缩,使粉料堆积密度下降。如果粉料堆积密度过小,则对压制成型不利,也不利于排废气,还容易出现分层缺陷。一般进塔热空气温度宜控制在 400~500 ℃。

提高热空气流量会使塔内负压升高,那么热空气在塔内的停留时间就会减少,即泥浆与热空气的接触时间缩短,这样的话,物料干燥不完全、成球性不好且细颗粒(细粉)较多,而干燥后的细粉易随废气一起离开塔体,增加了除尘设备的负荷。另外,提高进塔热空气流量、增大燃料供应量等措施受炉膛容积的限制,如果燃料供应得太多却燃烧不完全,还会影响粉料质量。

6. 调整与控制废气温度

在其他条件不变的情况下,降低所排废气温度可以提高粉料产量,但同时粉料含水率也随之增大。粉料太湿将影响压制成型,还会造成塔内积料,严重时湿料会堵塞出料口,影响正常生产。

7. 调整与控制塔内负压

在不改变其他工艺参数的前提下,提高塔内负压,可以提高热空气在塔内的流速,缩短雾滴和热空气的接触时间,在非常快的热空气流速下,雾滴会发生变形,如可能破裂或分裂,或在湍流运动中相互碰撞而合并。随着接触时间的缩短,蒸发时间变短,粉料中细颗粒增加,且易出现形状不规则的颗粒。

相反，降低塔内负压，可以增大粉料粒径。但如果塔内负压过低，热风炉往外喷火，不仅不好操作，还会导致所供热风（即热空气）不足、喷雾干燥塔内水蒸气无法排出、粉料较湿。因此，在不影响正常工作的情况下，要尽可能调低塔内负压。一般塔内负压保持在 100～300 Pa 较为合适。

四、喷雾干燥工艺常见技术问题

喷雾干燥工艺常见技术问题的产生原因及解决办法见表 1-27。

表 1-27　喷雾干燥工艺常见技术问题的产生原因及解决办法

序号	问题现象	原因分析	解决办法
1	物料粘壁	（1）进料量太大，泥浆中的水分不能充分蒸发 （2）在开始喷雾时干燥室加热还不足，但下料流量过大 （3）加入的泥浆不稳定，时多时少	（1）适当减小进料量，适当提高进塔热空气的流量和温度 （2）在开始喷雾时下料流量要小，之后逐步加大流量，直至流量适当 （3）检查管道与阀门是否局部堵塞，泥浆是否搅拌均匀，泥浆是否过稀或过浓
2	产品纯度低，杂质过多	（1）空气过滤效果不佳 （2）热风炉中的结焦粉混入产品 （3）泥浆中杂质过多 （4）设备清洗不彻底	（1）检查空气过滤器中过滤材质的敷设是否均匀，过滤器使用时间是否太长 （2）检查热风入口处的结焦情况，及时清理结焦粉 （3）进行喷雾干燥前应将泥浆过筛 （4）重新清洗设备
3	跑粉现象严重，产品获得率低	（1）旋风分离器的分离效果较差 （2）喷雾干燥塔内壁上积料过多，或喷雾干燥塔出料口被积料堵塞	（1）检查旋风分离器是否变形，提高旋风分离器进出口的气密性 （2）清除喷雾干燥塔内壁积料，清理出料口
4	离心式喷嘴运转时有噪声或振动	（1）喷嘴的清洗和保养不当，导致喷雾盘内有残留物质 （2）主轴发生弯曲和变形 （3）喷雾盘动平衡不好	（1）检查喷雾盘内有无残留物质，若有应及时清洗 （2）更换主轴 （3）重新调整喷雾盘的动平衡或更换喷雾盘

五、柱塞泵的维护保养及故障处理

1. 柱塞泵的维护保养

为了保证柱塞泵的正常运行，应注意以下事项。

（1）选用洁净、优质的液压油，一般1个月过滤一次，3个月更换一次，液压油变质后应及时更换。

（2）柱塞泵应在通冷却水的情况下启动和工作，以防瓷质柱塞因急冷急热而炸裂以及密封圈因受热而受损。冷却水还起到冲洗瓷质柱塞的作用，可以延长瓷质柱塞和密封圈的使用寿命。

（3）密封圈不应压得过紧，以不漏浆为宜。

（4）在寒冷季节长期停泵时，应将泵中泥浆抽尽，以防泵与管道冻裂。

（5）油压系统和泥浆管路中的密封件磨损后应及时更换。

（6）使用时应尽量延长柱塞冲程，以柱塞不撞击油缸端盖、换向灵活为宜。

（7）定期（1周左右）检查和冲洗阀箱。在冲洗阀箱和更换各零件时，不要将紧定杆顶得太紧，不漏浆即可。

（8）在皮囊式蓄能器使用半年后，应为其充氮气或氩气，充气压力以3.0 MPa为宜。

（9）要保持油箱的清洁，不能用水冲洗箱盖及集成块；要保持液压油的绝对清洁，定期检查液压油质量。

（10）在调整好柱塞泵的压力以后，一般不需要调整溢流阀，否则会将原系统调乱，容易出现故障。

（11）出现异响时应立即关机，检查故障原因并进行修复。

2. 柱塞泵的故障处理

柱塞泵常见故障的产生原因及排除方法见表1-28。

表1-28 柱塞泵常见故障的产生原因及排除方法

序号	故障现象	产生原因	排除方法
1	输出泥浆压力降低，主机电流变小，阀箱、管道振动强烈，压力表指针摆动幅度增大	（1）吸入管道吸入空气，吸入管道漏气 （2）吸入管道堵塞，吸入阀门未全部打开或吸入管道结垢严重	（1）检查吸入管道，封堵漏气处 （2）清除吸入管道中的堵塞物与垢，检查吸入阀门的开启情况
2	压力表指针摆动幅度大或不摆动，噪声和振动大	压力表堵塞或损坏	更换压力表
3	压力表读数升高	（1）输出管道结垢严重 （2）输出管道堵塞	（1）清除垢 （2）清除堵塞物

续表

序号	故障现象	产生原因	排除方法
4	传动系统内有异响	（1）润滑油油位低或润滑不良 （2）十字销松动或配合间隙过大 （3）偏心轮轴承压板螺栓松动，主轴两端轴承压盖松动	（1）添加或更换润滑油 （2）检查或更换十字销 （3）重新紧固相应的轴承压板、轴承压盖
5	阀箱内有异响	（1）阀箱内有异物，阀箱内弹簧损坏或弹力不足 （2）阀芯组件或阀座损坏，阀座与阀箱之间的密封件损坏	（1）排除异物，检查并更换双层滤网，更换弹簧 （2）按需更换阀芯组件、阀座、阀箱等
6	传动箱温度较高	（1）轴承损坏 （2）润滑油油位低或油质较差	（1）更换轴承 （2）添加或更换润滑油
7	从柱塞处漏泥浆，润滑水浑浊	（1）柱塞或密封圈磨损严重 （2）单向阀磨损或卡死 （3）清洗泵压力低	（1）更换柱塞、密封圈 （2）检修或更换单向阀 （3）调节清洗泵压力，应比主机工作压力高 0.3～0.5 MPa
8	单向阀不动作	（1）清洗泵压力低导致泥浆堵塞单向阀 （2）单向阀损坏	（1）提高清洗泵压力，检修单向阀 （2）检修或更换单向阀
9	主机盘车困难	填料压紧螺母被旋得太紧	调整填料压紧螺母
10	主机电动机跳闸	（1）电气故障或电源断电 （2）机械部分损坏，造成主机卡死 （3）电接点压力表损坏或误动作 （4）出口管路堵塞	（1）检查故障并排除，重新开机 （2）检修损坏的机械部分 （3）检查或更换电接点压力表 （4）清理出口管路
11	电流表波动大，泵流量减小	（1）吸入阀组件不工作或磨损严重 （2）阀箱内吸入阀、排出阀弹簧装反 （3）阀组件结合处有异物	（1）检查吸入阀组件 （2）重新安装阀弹簧 （3）清理异物，检查滤网过滤情况
12	压力表波动大，泵流量减小		

六、热风炉的维护保养及故障处理

1. 热风炉的维护保养

下面以煤气热风炉为例进行介绍。

（1）点火前进行必要的检查，使用时提前稳定煤气压力，检查煤气枪、点火枪的阀门是否处于关闭状态，关闭手动抽空排气阀。

（2）检查电磁总阀开关是否正常，将此开关前的煤气压力控制在 0.6~0.7 MPa。若该压力表显示无压力，则将煤气压力调节到要求范围内。

（3）打开电磁总阀开关，检查是否有煤气通过，检查此开关后压力表显示的煤气压力是否稳定。

（4）启动引风机，让煤气热风炉内呈微负压。注意，负压为零时点火，极易发生爆炸，严重的会危及人身安全，而负压过大是不容易点火的。

（5）拿起点火枪后，应将点火枪前的阀门慢慢打开，在点燃点火枪后再加大煤气量，然后缓慢打开煤气枪前的阀门点燃煤气枪。关闭点火枪前的阀门，将点火枪放回原位。

（6）停塔前要提前通知煤气站做好煤气减压的准备工作。停塔时先将电磁总阀关闭，再关闭煤气管道的手动总阀，然而迅速打开排空阀，将剩余的煤气排走。整个操作过程动作必须连贯，否则会造成回火而引发爆炸。

2. 热风炉的故障处理

热风炉常见故障的产生原因及排除方法见表 1-29。

表 1-29 热风炉常见故障的产生原因及排除方法

序号	故障现象	产生原因	排除方法
1	燃烧器在接通电源、按下启动键后，电磁阀不转动（自锁）	（1）燃气压力不足 （2）电磁阀管道接头处漏气	（1）调整燃气压力至规定值 （2）修理电磁阀管道接头
2	燃烧器点不着火	（1）点火时燃气量不足 （2）电磁阀损坏 （3）助燃空气压力不稳定，或助燃空气量太大	（1）适当加大点火时的燃气量 （2）更换电磁阀 （3）调整助燃空气压力至规定值，或减小风门开度
3	燃烧器显示燃气压力正常且有电，但无法打火	（1）点火变压器烧坏，高压线损坏或脱落 （2）点火棒间距过大或过小，电极破裂或接地短路	（1）更换点火变压器，检查高压线接线情况 （2）调整点火棒间距，更换电极
4	燃烧器点着火刚几秒就快速熄灭	（1）燃气压力不足，燃气量偏小 （2）助燃空气量太小，燃烧不充分，烟色较浓；或助燃空气量太大	（1）调整燃气压力，清理滤网 （2）调整助燃空气量

七、喷雾干燥塔的维护保养及故障处理

1. 喷雾干燥塔的维护保养

（1）保持塔身清洁，更换喷枪时，若塔身受到污染要立即清理干净。

（2）每小时点检一次各环节温度、压力等相关参数并如实记录。

（3）每隔 20 min 用木棒敲一次喷枪，预防喷枪堵塞，同时查看喷枪的雾化情况，发现异常情况立即处理。

（4）定期更换风机的润滑油，清洗冷却水管，修复或更换磨损的风机叶轮。

（5）定期检查回转下料器叶轮和轴承的磨损情况，必要时进行更换。

（6）定期检查减速器，更换减速机油。

（7）定期检查振动筛的筛网是否破损，有破损及时更换。

2. 喷雾干燥塔的故障处理

喷雾干燥塔常见故障的产生原因及排除方法见表 1-30。

表 1-30 喷雾干燥塔常见故障的产生原因及排除方法

序号	故障现象	产生原因	排除方法
1	喷雾干燥塔卸料不畅	塔内粘壁的粉料太多，出料口堵塞	清扫全塔内壁或出料口
2	空气过滤器前后的泥浆压差过大	空气过滤器堵塞	清洗空气过滤器
3	喷嘴发烫	喷嘴堵塞、喷片磨损	及时清洗并更换喷嘴、喷片等易损件
4	粉料含水率太高	排风温度（即废气温度）太低	适当减小进料量，以提高排风温度
5	粉尘外逸	密封件损坏	更换密封件
6	卸料不均匀	主轴及叶轮运转失灵或过度磨损	检查润滑部位，保证润滑效果良好，如零件已磨损应及时检修、更换
7	粉粒太细	泥浆含水率太高，或进料量太小	降低泥浆含水率，适当加大进料量
8	粉料中含有较大的颗粒	筛网破裂	更换筛网

培训单元2 粉料存储

1. 能对压制粉料进行输送与存储。
2. 能进行压制粉料的配料。

一、粉料入仓

粉料入仓就是把生产的粉料按品种、编号送入指定料仓存储,并保证在此过程中粉料不受到污染、不浪费、无杂物混入。

进料之前必须把相应输送带从低至高依次清洁干净并连接好,输送带出口应对准所要进料的料仓口,同时盖好输送带交叉位置的防污板。如果是入空仓,则必须检查料仓是否干净,然后关闭料仓出口。如果所进料仓已经有粉料,则必须检查要进的粉料与原有粉料的品种、编号是否完全一致,无异常方可进料。送料入仓后需要第一时间在料仓相应的标志牌上注明进料的品种、编号、时间、班次,当料仓快进满时要提前通知喷雾干燥塔操作人员。如果还需要转进另一料仓,则必须按操作规程进行一次相应的清洁、检查。当输送带上的粉料完全进入料仓后,才能关闭带式输送机,打扫料仓口周围的环境卫生。

粉料入仓时还应注意以下事项。当某条输送带发生故障,导致漏料或粉料堆积时,必须立即通知相关操作人员停止喷雾干燥塔工序,待故障排除以后方能重新入仓。漏到地面的粉料必须全部当废料清走,绝不能送入料仓。发现有不合格粉料正送入料仓时,必须立即在相应的标志牌上填写"暂不能使用"字样。应经常检查各防污板是否移位,以防发生杂质、杂料混入的质量事故。应经常巡查输送带(传动部分)有无异响或走偏现象,以及挡料板处是否漏料。

二、斗式提升机的维护保养及故障处理

1. 斗式提升机的维护保养

（1）斗式提升机要安排具备一定生产技术知识、熟悉该设备的人员管理，并制定设备维护保养规程、划分岗位责任。

（2）启动斗式提升机之前，要全面检查各部件的工作状况，加好润滑油，清除机壳内杂物，盘转传动系统，关闭检视门。启动前和启动时不得加料，待空载运行正常后，再逐渐加料。

（3）斗式提升机工作时，加料量要均匀，不得过量加料，以防下部区段堵料而出现过载、卡斗、掉斗等故障。

（4）斗式提升机停机前，必须先停止加料，保证空载停车。

（5）应定期对各部位的轴承加注润滑油，按时清除污垢和积尘，使各部位保持正常的工作状态。

（6）应定期实施检修，及时排除故障和更换损坏的零件，一般情况下每工作6个月应全面检修一次。

2. 斗式提升机的故障处理

斗式提升机常见故障的产生原因及排除方法见表1-31。

表1-31 斗式提升机常见故障的产生原因及排除方法

序号	故障现象	产生原因	排除方法
1	输送能力低	（1）喂料量不足 （2）料斗粘料，料斗没有卸空	（1）增加喂料量，更换或调整导料板 （2）更换不同型号的料斗，并将料斗卸空进行校验、调整
2	产生摩擦声、碰撞声	（1）硬质大块物料卡斗 （2）导料板与料斗、链条接触 （3）断链或掉斗，链条与链轮啮合不良	（1）停机，清除硬质大块物料 （2）调整导料板 （3）更换链条，处理掉斗，调整链轮位置
3	链条脱轨，胶带跑偏	（1）两链条磨损不均匀，节距、总长不等 （2）上、下轮中心未对齐 （3）张紧轮两侧张紧程度不同	（1）调整或更换链条 （2）调整上、下轮中心至对齐 （3）调整张紧装置
4	断链，掉斗	（1）链条磨损过度或质量较差，料斗链钩或链条断裂、开焊 （2）出料口积料过多造成堵塞	（1）更换或修复相应部件 （2）清除堵塞出料口的积料

续表

序号	故障现象	产生原因	排除方法
5	传动装置振动	（1）传动装置固定不牢、不水平、不对中 （2）传动轴、传动轮制造、安装质量较差 （3）链轮与链条节距误差太大	（1）找平、找正、紧固传动装置 （2）修理或更换传动轴，并找正、调整传动轴 （3）修复或更换链轮、链条，调整传动链的张紧力
6	轴承过热	（1）润滑油不足，或润滑油含有杂质 （2）各部件制造、安装质量较差	（1）补充润滑油；或清洗轴承，更换润滑油 （2）修理或更换、调整各部件

三、带式输送机的维护保养及故障处理

1. 带式输送机的维护保养

（1）加料必须在设备运转稳定后进行，且加料要均匀，防止出现偏载或过载现象。在加料处，物料的下落速度应尽量与输送带的运行速度大小相近、方向相同。尽量减小加料处物料的落差。

（2）在带式输送机运转过程中，经常检查其运转是否平稳，有无周期性噪声。对于运转不良和产生异响的托辊应及时更换。

（3）如果设备应用了电动滚筒，那么应尽量空载启动。

（4）空载时托辊表面黏附粉尘会导致输送带跑偏，应定期检查托辊和托辊架之间是否嵌入异物。

（5）为了保证带式输送机安全运转，一般在头尾部设有输送带跑偏检测与保护装置。当跑偏不严重时，该装置发出报警信号，提醒操作人员注意；当跑偏严重时，该装置发出报警信号并使输送机停机，以防发生恶性事故。

（6）停机前应先停止供料。在正常情况下，禁止带式输送机在负荷工况下停机。

（7）定期检查各运动部件的润滑情况，但在运行过程中禁止进行润滑保养。

（8）应经常检查和调整输送带的张紧程度，防止输送带过松或过紧。

（9）在带式输送机运转时，任何人员不得从输送带下横穿。

（10）如果输送带局部受损，应及时修补，以防破损处扩大。

普通带式输送机的优点是输送距离长、输送能力强、动力消耗低、结构简单、

工作可靠、维修方便、运行平稳、噪声小，且可多点装卸料，但它只能进行直线输送，如果要输送粉状物料且输送角度较大，就要使用吊挂管带式输送机或大倾角带式输送机。

2. 带式输送机的故障处理

带式输送机常见故障的产生原因及排除方法见表1-32。

表1-32 带式输送机常见故障的产生原因及排除方法

序号	故障现象	产生原因	排除方法
1	噪声大	（1）轴承磨损严重或损坏 （2）电动机和减速器不同心	（1）更换轴承 （2）重新调整电动机和减速器至同心
2	减速机温度过高	（1）减速机油量不足或机油变质 （2）过载	（1）按规定补充或更换机油 （2）降低物料加载量
3	输送带跑偏	（1）机架滚筒安装质量不高 （2）输送带质量不好，输送带接头不正 （3）输送带局部受损 （4）给料位置不正 （5）清扫器性能不佳	（1）提高机架滚筒的安装质量 （2）更换输送带及其接头，选择质量好、耐用、适应力强的接头产品 （3）修补或更换输送带 （4）调整物料落点 （5）修理或更换清扫器
4	输送带损坏	（1）物料内混入异物 （2）托辊缺损 （3）输送带严重跑偏后被机架挂住 （4）清扫器倾倒或被卷入输送带 （5）物料被卷入机架滚筒	（1）及时清理物料中的异物并修理输送带 （2）更换托辊 （3）及时调整并修补输送带 （4）经常检查并修理清扫器 （5）及时清扫机架滚筒

职业模块 ❷ 料检测

内容结构图

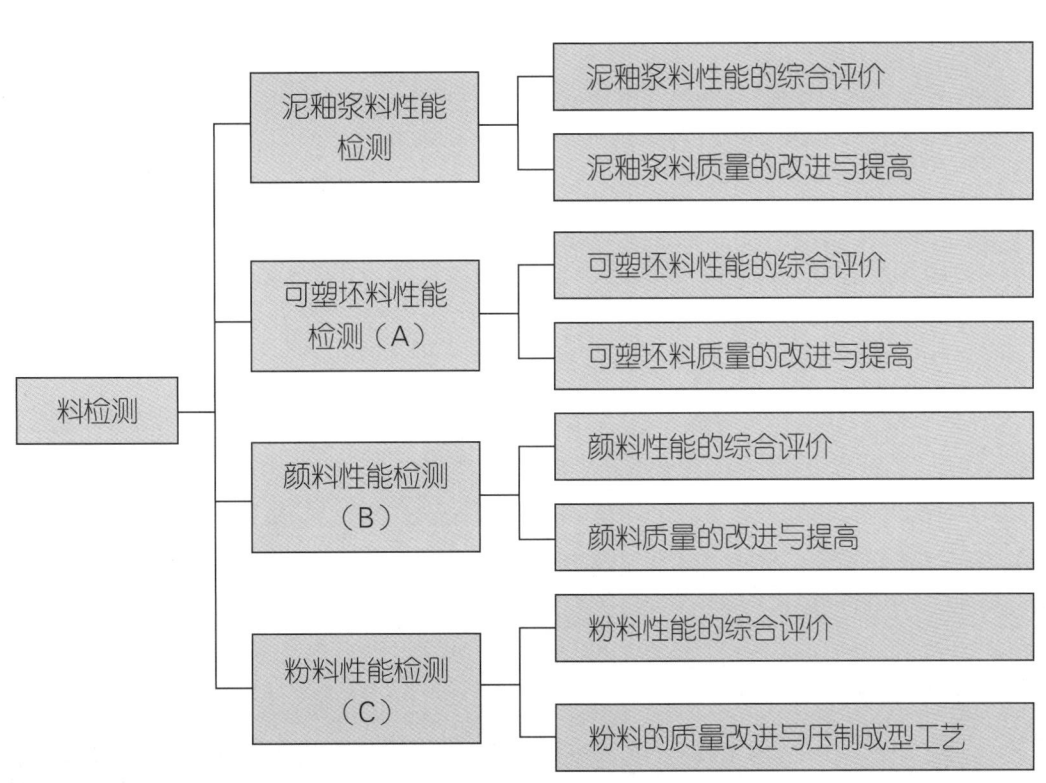

培训项目 1

泥釉浆料性能检测

培训单元 1 泥釉浆料性能的综合评价

培训重点

1. 能根据泥釉浆料性能检测情况分析质量问题。
2. 能根据泥釉浆料质量情况，对制备工艺提出调整建议。
3. 了解注浆成型缺陷与泥浆性能的关系。
4. 了解施釉缺陷与釉浆性能的关系。

知识要求

一、泥浆的质量评价

在陶瓷生产中，表征泥浆性能与质量的主要指标有相对密度、含水率、细度与颗粒级配、流动性、触变性、稳定性、渗透性等。泥浆的温度对其性能也有很大影响。

1. 相对密度

在常温条件下，一定体积的泥浆质量与相同体积水的质量的比值称为泥浆的相对密度。泥浆的相对密度与含水率、温度、配方组成、细度及颗粒级配等因素有关，影响泥浆相对密度最直接的因素是含水率。在实际生产中，不同的产品规格、结构，不同的模型及成型方法等，对泥浆的相对密度要求都不同。例如，空心注浆的泥浆相对密度一般控制在 1.65~1.80，实心注浆的泥浆相对密度一般控制在 1.70~1.82。为了缩短注浆成型时间及提高干燥效率，习惯上将泥浆相对密度控制得尽量大一些。

2. 含水率

注浆成型时要求泥浆在含水率尽量低的情况下具有良好的流动性，通常在泥浆中加入稀释剂（电解质）等实现此目的。泥浆含水率高，会加速石膏模型老化，增加石膏模型的干燥难度。通常情况下，空心注浆泥浆的含水率宜控制在 31%~34%，实心注浆泥浆的含水率宜控制在 28%~32%，卫生陶瓷压力注浆泥浆的含水率宜控制在 25%~28%。

3. 细度与颗粒级配

细度是指泥浆中固体物料经过研磨加工后的颗粒大小，通常用泥浆过筛后的筛余量来表示。颗粒级配是指泥浆中固体物料颗粒的大、中、小分布情况。泥浆的细度与颗粒级配影响其相对密度和流动性、触变性、悬浮性，并影响注浆性能、修坯操作与干燥操作、烧成温度、瓷化程度、收缩率、吸水率、强度等。泥浆颗粒过细，注浆时吸浆时间延长；泥浆颗粒过粗，注浆时吸浆时间缩短，坯体强度降低，对于双面吸浆的厚壁产品来说则容易发生分层。通常泥浆细度控制在万孔筛（250 目筛）筛余量 1%~2%，但采用高压注浆工艺时会要求泥浆更细一些。颗粒级配通常按如下要求控制：>30 μm 的大颗粒占 5%~10%，10~30 μm 的中颗粒占 20%~30%，<10 μm 的小颗粒占 40%~60%。

4. 流动性

一定温度、体积的均匀泥浆在测量仪器中全部流出的时间，与相同温度、体积的水全部流出的时间之比值，称为泥浆的流动性。通常使用恩氏黏度计在一定条件下测定流动性，一般在流出 200 mL 泥浆时进行测定。

影响泥浆流动性的因素有很多，如温度、含水率、相对密度、细度与颗粒级配、黏土性能、回坯泥加入量、电解质的用量及品种、陈腐与搅拌时间等。在注浆时，流动性良好的泥浆在结构复杂的模型中能及时充满模型内腔的各个部位，保证坯体厚度一致，缩短注浆时间；排浆时也干净利落，无泥浆留存；吸浆速度的可控性也较强，不至于过快或过慢。而流动性较差的泥浆，吸浆速度过快，成坯后含水率高，坯体较软易变形，需要的巩固时间长。如果泥浆流动性过大，则吸浆速度过慢，注浆时间过长，坯体易干裂。因此，在陶瓷注浆成型工艺中，无论使用何种设备、模型，无论如何操作以及产品形状如何，泥浆的流动性都是重要的质量指标。

5. 触变性

泥浆经过一定时间的静置，其黏度增大、流动性降低、稠度增大，经过搅拌则其黏度减小、流动性增加、稠度减小，再静置后其黏度又增大、流动性又降低、稠度又增大，泥浆这种可逆变化的性能称为触变性。泥浆的触变性与流动性有一定的关系。触变性通常以厚化系数来表示，通常控制泥浆的厚化系数在 1.2~1.5。

影响泥浆厚化系数的主要因素有相对密度、温度、含水率、细度与颗粒级配等，配方中黏土的用量比例与种类、杂质等对泥浆厚化系数影响较大。流动性不好的泥浆其厚化系数较大。

泥浆触变性太大，排浆效果不好，单面吸浆的坯体露浆面不够平滑，甚至厚薄不一，直接影响修坯操作，容易造成坯体变形或倒塌，还容易局部存浆造成坯裂。相对来说，触变性较小、流动性良好的泥浆则易注浆、吸浆和排浆。

6. 稳定性

一般对泥浆的稳定性有两方面要求：一方面要求泥浆悬浮性好、不沉降；另一方面要求从泥浆进入模型之前到注浆成型，再到排浆的整个过程中，各项性能（参数）的变化要小。因为整个注浆过程时间较长，泥浆经过静置、吸浆和流动，温度、含水率等参数会发生变化，流动性、触变性也发生变化。要尽量避免因注浆、吸浆、排浆造成坯体壁厚不一致和湿坯含水率不一致。

7. 渗透性

渗透性是指泥浆中的水分与物料颗粒在吸浆过程中分离的能力。在注浆、吸浆过程中，石膏模型表面与泥浆之间逐渐形成坯体，泥浆中的水分不断透过已形成的坯壁进入石膏模型中（坯体巩固时也一样），这种穿透能力即渗透性。高压注浆工艺中，在泥浆的压力、温度、时间等多种因素的作用下，水分穿透坯体进入塑料模型的能力要比使用传统石膏模型时大得多。泥浆的渗透性与其配方、相对密度、含水率、流动性、温度，以及模型材料与结构、外力作用等因素有关。

泥浆的渗透性影响成坯速率、坯体巩固时间以及坯体干燥性能。如果泥浆渗透性过强，吸浆时间、巩固时间过短，就会造成坯体各部位壁厚、含水率不一致，以及坯体各部位巩固和干燥程度不同，容易发生局部坯裂。如果泥浆渗透性太差，吸浆时间过长，巩固时间也较长，那么先后注浆的坯体部位及坯体内外的含水率、强度等不一致，也会影响坯体脱模、排浆操作以及坯体干燥性能等。

8. 温度

影响泥浆温度的主要因素有加热方式、球磨加工方式、搅拌速度、作业车间环境温度等。泥浆温度对泥浆流动性、吸浆速度影响较大，温度的提高可使泥浆的流动性和吸浆速度相应提高。常压注浆工艺要求泥浆温度为 20~30 ℃，高压注浆工艺要求泥浆温度为 40~45 ℃。

二、釉浆的质量评价

表征釉浆性能与质量的主要指标有釉料的始熔温度、熔融温度范围，釉熔体的高温黏度、表面张力、润湿性，坯釉的匹配性等。

1. 釉料的始熔温度

始熔温度就是釉料开始熔融产生液相的温度。釉料始熔温度过低，烧成时会阻碍坯体排气，造成釉面出现大面积针孔。提高釉料的始熔温度可以减少低温原料的用量而增加高温原料的用量，如适当提高高温原料如氧化铝、煅烧黏土和石英的用量。调整釉料细度，使釉料不要过细，也可以提高始熔温度。釉料的始熔温度与坯体的烧成排气区间应匹配。坯体和釉料在加热过程中，都会随着温度的升高而发生一系列物理和化学变化，如吸附水、结晶水的排出，有机物氧化分解和无机矿物分解等。不同的坯体要用不同的釉料与之相匹配，釉料的始熔温度稍高有利于坯体排气。

2. 釉料的熔融温度范围

釉料的熔融温度范围是指始熔温度至烧成温度之间的范围。对于熔融温度范围过窄的釉料，当其烧成温度略微变动时，釉面质量就会受到影响，这就增加了烧成难度。扩大釉料熔融温度范围的方法是适当减少钠长石等熔融温度范围较窄的原料用量，适当增加钾长石、氧化锌等熔融温度范围较宽的原料用量。

3. 釉熔体的高温黏度、表面张力和润湿性

釉熔体的高温黏度太大（>1 000 Pa·s），则产生橘釉、针孔、釉面不光亮等缺陷；釉熔体的高温黏度太小（<40 Pa·s），则产生流釉、堆釉、干釉、釉泡等缺陷。在烧成温度下，釉熔体的高温黏度在 200 Pa·s 左右为宜。

釉熔体的表面张力过大，会阻碍气体排出和熔体均化，不利于润湿，易发生缩釉；釉熔体的表面张力过小，易造成流釉，形成针孔缺陷。

釉熔体的润湿性用润湿角来表示，通常润湿角越小则润湿性越好。测定时，将釉粉制成直径为 10 mm、高为 10 mm 的圆柱形试样，并置于坯上，烧后测定其

润湿角。影响润湿性的因素有坯釉的化学组成、表面张力等，同一种釉料在不同坯体上的润湿性能不同。润湿角 <90° 时，釉熔体完全润湿坯体表面，才能得到质量良好的釉面。

4. 坯釉的匹配性

坯釉的匹配性是指熔融性能良好的釉料，在熔融、冷却后能与坯体紧密结合成一个整体，不开裂、不剥落。影响坯釉匹配性的因素主要有坯釉膨胀系数、坯釉中间层、坯釉弹性和抗张强度以及釉层厚度，其中以坯釉膨胀系数最为重要。

坯釉膨胀系数应匹配。一般坯体的膨胀系数要比釉料略大，这样釉料在坯体上烧成后冷却时受到压应力作用，釉层的热稳定性较好、不容易开裂。与坯体膨胀系数相比，釉料膨胀系数过大，釉面容易开裂；而釉料膨胀系数过小，釉面会出现剥釉现象。

釉料质量与原料性能、烧成温度、气氛控制等有关。为了使坯釉相匹配，釉料的熔融温度范围、高温黏度、表面张力、膨胀系数等参数应适宜。

三、注浆成型及其对泥浆的要求

1. 注浆成型过程

注浆成型是指利用多孔模型的吸水性，将泥浆注入其中而使坯体成型的方法。这种成型方法适应性强，凡是形状复杂、不规则的薄壁、厚胎或体积较大且尺寸精度要求不高的制品，都可以采用注浆成型方法。例如，雕塑、花瓶、茶壶手柄等都可以采用注浆成型方法。

由注浆成型方法制得的坯体结构均匀，但含水率较大且分布不均匀，干燥收缩率和烧成收缩率较大。另外，从生产过程来说，其生产周期长，手工操作多，劳动强度大，占地面积大，模型消耗多。随着生产工艺的不断进步和注浆成型机械的不断发展，这些问题将会逐步得到改善和解决，从而使注浆成型更适合现代化的陶瓷生产。

注浆成型过程分为吸浆成坯、泥层变厚和巩固脱模三个阶段。

（1）吸浆成坯阶段。在此阶段，石膏模型具有吸水作用，在靠近石膏模型的工作面上会形成一层薄泥。在此阶段的初期，成型动力是石膏模型的毛细管力，靠近模壁的水、溶于水的溶质质点及小于微米级的泥浆颗粒都会被吸入模型的毛细管中。由于水分被吸走，泥浆颗粒相互靠近，并依靠范德华力（分子间作用力）逐渐贴近模壁，形成最初的薄泥层。另外，石膏模型中的 Ca^{2+} 与泥浆中的 Na^+ 进行交换，也促进了泥浆凝固成泥层。

（2）泥层变厚阶段。在此阶段，水分进一步被石膏模型吸收，泥层逐渐增厚达到所要求的坯体厚度。在薄泥层形成之后，成型动力除了毛细管力外，还有泥浆中的水通过薄泥层向模内扩散的作用力。扩散动力为泥层两侧的浓度差和压力差。此时泥层就像一个滤网，随着泥层的增厚，水分扩散阻力逐渐增大，当泥层增厚到设计的坯体厚度时，倒出余浆即可。

（3）巩固脱模阶段。在雏坯形成之后并不能立即脱模，雏坯必须继续放在模型内，待其含水率进一步降低。在此阶段，随着石膏模型继续吸水及坯体表面水分蒸发，坯体中的水分不断减少并伴有一定的干燥收缩。当坯体含水率降低到某一值时，坯体内水分减少的速度就会急剧变小。此时，坯体具有一定的强度，可以进行脱模操作。

2. 注浆成型方法

（1）空心注浆法。空心注浆是将泥浆注入模型，待泥浆在模型中停留一段时间形成所需的坯体壁后，倒出多余的泥浆而形成空心坯体的注浆方法。空心注浆法利用石膏模型的单面吸浆作用，所以又称单面注浆。石膏模型工作面的形状决定了坯体的外形，泥浆在石膏模型中的停留时间则决定了坯体的厚度。空心注浆法一般适用于浇注壶、罐、瓶等空心器皿及艺术陶瓷制品。空心注浆所用的泥浆，其相对密度一般比实心注浆所用的泥浆要小，一般为 1.65~1.8。空心注浆要求泥浆具有较高的稳定性，含水率在 31%~34%，稠化度不宜过高（1.1~1.4），细度较细，万孔筛筛余量在 0.5%~1%。

在进行注浆成型操作时，首先应将石膏模型的工作面清扫干净，不得留有干泥或灰尘。装配好的石膏模型如有较大缝隙，应用软泥将缝隙堵死，以免漏浆。石膏模型的含水率应保持在 5% 左右。适当加热石膏模型可以加快水分的扩散，对吸浆有利，但加热温度应有一个限值，否则适得其反。注浆时的浇注速度和泥浆压力不宜过大，一方面可以避免坯体表面出现缺陷，另一方面有利于石膏模型中的空气排出。适合脱模的坯体含水率由实际情况决定，一般在 18% 左右。

（2）实心注浆法。实心注浆是将泥浆注入石膏模型与模芯之间的空穴中，石膏模型与模芯的工作面能吸收水分，泥浆中水分不断被吸收而形成泥层，泥浆面就会不断下降，因此必须陆续补充泥浆，直到空穴中的泥浆全部变为坯体为止。显然，坯体厚度由石膏模型与模芯之间的距离决定，因此，采用这种成型方法时没有多余的泥浆被倒出。实心注浆所用的泥浆相对密度、稠化度应较高，细度可稍粗，万孔筛筛余量一般为 1%～2%。

实心注浆法可以缩短坯体的形成时间，壁厚也可以得到控制，通常用于制作两面有花纹且尺寸大、外形比较复杂的制品。但是，实心注浆法所用的石膏模型比较复杂，而且与空心注浆法一样，所得坯体的均匀性并不理想，远离模型与模芯工作面的部位致密度较低。进行实心注浆操作时，为了得到致密的坯体，当将泥浆注入石膏模型后，必须轻轻摇晃石膏模型几下，使泥浆填充空穴各处，同时便于空气的排出。注意，必须预留空气的排出通路。

（3）强化注浆法。为了改善注浆坯体质量、缩短生产周期、降低劳动强度、提高生产效率，目前，在生产中常采用压力注浆、离心注浆及真空注浆等强化注浆法。

1）压力注浆。压力注浆采用加大泥浆压力的方法来加速水分的扩散，从而加快吸浆速度。一般通过提升盛浆桶的位置来加大泥浆压力，也可用压缩空气将泥浆压入模型。进行压力注浆时，泥浆压力应根据制品的大小和厚薄来确定，一般控制在 0.05～0.10 MPa。采用压力注浆法时，要注意加固和密封模型，否则容易出现烂模和跑浆现象。

2）离心注浆。离心注浆是将泥浆注入旋转的石膏模型中，在离心力的作用下，泥浆紧靠模壁，待其脱水后形成坯体。采用此法制成的坯体较致密且厚度较均匀，不易变形。离心注浆所用泥浆的固体颗粒尺寸不宜相差过大，否则粗颗粒会集中在坯体内部，而细颗粒则集中在坯体表面，导致其结构不均匀、收缩不均匀。模型的转速按制品大小而定，大件宜慢，中小件可快一些，一般为 460～540 r/min。当转速过慢时，坯体容易出现泥纹缺陷。

3）真空注浆。真空注浆又称减压注浆。进行真空注浆操作时，先将模型置于密闭的金属容器中，再用抽气设备抽掉模型外部的空气，以减小模型外部和模型中气孔的压力，这样，可加速泥浆中水分的扩散，使坯体更致密，并缩短坯体的形成时间。

3. 注浆成型对泥浆的要求

生产上通常要求注浆成型时间尽可能短一些。要缩短注浆成型时间，就要提高泥层的形成速度，一般从以下几个方面考虑。

（1）泥浆性能。泥浆中固体颗粒越细，细颗粒含量越多，颗粒表面积越大，所形成的泥层就越致密，水在泥层中的渗滤速度就越低，从而使吸浆成坯速度降低。当泥浆中可塑性原料较多时，模型的吸水量相应增加，也会降低吸浆成坯速度。

（2）泥浆压力。增大泥浆压力能显著提高吸浆成坯速度。增大泥浆压力或降低模型一侧的压力可以形成压力差，加速水分向模型的扩散，缩短注浆成型时间。

（3）泥浆温度。温度升高则水的黏度降低，水的黏度降低则水的渗滤速度提高，从而缩短注浆成型时间。生产上常采用提高泥浆温度的方法来缩短注浆成型时间。

四、注浆成型缺陷与泥浆性能的关系

由注浆成型方法制得的坯体可能会产生开裂、生成不良或者生成缓慢、脱模困难、气泡与针孔、泥缕、变形等缺陷，这些缺陷被称为注浆成型缺陷。泥浆性能对注浆成型缺陷的产生具有较大影响，下面简述注浆成型缺陷与泥浆性能的关系。

1. 开裂

开裂主要是由坯体收缩不均匀导致的局部应力过大而引起的。以下原因都会引起坯体收缩不均匀，从而导致坯体开裂：解凝剂用量不当，泥浆有凝聚倾向；泥浆未经陈腐、搅拌不均匀，泥浆流动性差；泥料中可塑性黏土的用量不足或过量，泥浆配方不当。

2. 生成不良或者生成缓慢

泥浆中电解质用量不足或过量、泥浆中含有具有凝聚作用的杂质（如石膏、硫酸钠等）、泥浆含水率过高、泥浆温度太低等，都有可能造成坯体生成不良或者生成缓慢。

3. 脱模困难

泥浆中水分过多、可塑性黏土用量过多，以及泥浆颗粒过细等，都会导致坯体脱模困难。

4. 气泡与针孔

以下原因会造成气泡与针孔缺陷：泥浆的流动性差、黏度大，其中的气泡不易排出；泥浆存放过久或泥浆温度过高，其中的有机物腐烂；泥浆未经陈腐或所用电解质的种类及用量不当；搅拌泥浆时太剧烈，对泥浆进行真空脱泡处理时真空度不够或抽真空时间过短，泥浆中有气泡残留。

5. 泥缕

以下原因会造成泥缕缺陷：泥浆的黏度大、流动性差，室内温度过高，泥浆表面水分蒸发，在模型内形成一层皱皮，倒浆时皱皮没有倒出等。坯体局部的颗粒定向排列不同，在干燥收缩时隆起成筋状，即使经过车修或用刀削平，烧后仍有明显的泥缕现象。

6. 变形

不恰当使用电解质，泥浆含水率过高，泥浆混合不均匀、干燥收缩不一致等易导致坯体变形。

五、施釉方法及其特点

施釉前，需要先对生坯或素烧坯表面进行清洁处理，以除去积存的污垢或油渍，保证釉层能良好附着。进行清洁处理时，可以用压缩空气在通风柜内进行吹扫，也可以将海绵浸水后进行湿抹，或者用毛笔、毛刷等蘸水洗刷。然后，按照规定的工艺标准调整釉浆的相对密度并将其搅拌均匀。施釉时视器型和要求不同而采用不同的方法，常用施釉方法如下。

1. 浸釉

浸釉是指将坯体浸入釉浆中，待停留适当时间后迅速提出。这种方法适用于对日用瓷及其他小件制品的通体进行一次性上釉，如对壶、瓶、杯、罐等制品施外釉。浸釉法要求生坯具有一定的强度或采用素烧坯，以避免施釉时破损。操作者应手法熟练、施釉速度均匀，并定时搅动釉浆，以确保釉层厚度一致。浸釉时釉层的厚度取决于坯体的吸水率、釉浆的相对密度及浸釉的时间。

2. 荡釉

荡釉适用于对中空器物如壶、瓶、罐等施内釉。操作时将釉浆注入空心坯体内，上下左右摇动坯体，使釉浆涂敷于坯体的内表面，然后倒出余浆即可。倒出余浆时应注意，如果将釉浆直接从一侧倒出，则釉层厚度会不均匀。因此，倒余浆时动作要快，只有釉浆从圆周形器物口均匀流出时，釉层厚度才能均匀。

3. 浇釉

浇釉是指采用浇洒的方法，将釉浆浇于坯体之上。对于大件制品如缸类，通常是舀取釉浆从上到下均匀地浇洒于静止的坯体上，靠釉浆的流淌完成施釉过程。对于强度较差、不宜采用浸釉法施釉的生坯，则可以采用浇釉法。

浇釉时，可以将盘、碟类坯体置于辘轳车上，然后将釉浆浇至坯体中央，釉浆在离心力的作用下会均匀地流散于坯体表面，余浆从坯体边沿被甩出并被收集后可循环使用。浇釉又称旋釉或轮釉。该方法适用于强度较低的坯体，得到的釉层较均匀。

4. 喷釉

喷釉是指利用压缩空气将釉浆雾化后喷于坯体表面的方法。这种方法常用于制作壁薄、易碎的高档制品、釉下彩装饰制品以及大型瓷板等。卫生陶瓷大件制品也多采用喷釉方法。

喷釉时使用的工具是喷枪,并由空气压缩机提供气源,其工作压力一般控制在 300~400 kPa。为了防止喷釉过程中雾粒对人体造成危害,生产车间必须设有吸尘设施,操作人员应佩戴口罩或面具。

5. 刷釉

刷釉是指用毛笔蘸取釉浆涂刷于坯体表面。这种方法不适用于大批量生产,而多用于在同一坯体上施几种不同的釉或用于补釉。

六、施釉缺陷与釉浆性能的关系

1. 釉层过薄或过厚、缺釉

当釉浆密度控制不好时,釉层会过薄或过厚,使产品的色泽不稳定、色差加大、一致性较差,因此,应对釉浆密度进行严格控制。

如果釉浆密度过大,那么在进行浸釉时不易控制操作,易造成棱角处缺釉。通常可以在釉浆中加入羧甲基纤维素、高岭土和膨润土等来改善其性能,高岭土用量比例宜在 4%~10%,膨润土用量比例不应超过 5%。其中,高岭土和膨润土起悬浮剂的作用,防止釉浆中的固体颗粒因沉降而分离,使其保持稳定、均匀。

2. 釉面开裂、流釉

当釉浆的干燥速度、黏度控制不好时,施釉后釉面会开裂,烧成后会出现滚釉或缩釉缺陷。釉浆干燥速度过快或黏度过低,喷釉时会出现流釉缺陷。

3. 缩釉、裂纹

如果将釉料研磨得过细,釉层收缩率就会增大,这将对具有较高表面张力的釉料如锆乳白釉等产生不利影响,如易产生缩釉、裂纹等缺陷。另外,釉料过细还会使施于坯体上的釉浆较难干燥。但如果未将釉料研磨充分,施釉、烧成后陶瓷产品表面将变得粗糙,有时还会出现针孔等缺陷。另外,釉料研磨不充分,制成的釉浆易于沉淀,常导致施釉困难甚至无法施釉。因此,应严格控制釉浆的细度。

4. 釉坑或针孔

陶瓷坯釉料中含有有机物、碳酸盐、硫酸盐等杂质,在高温煅烧过程中,杂质会分解、释放气体,在釉料熔融之前如果气体未能完全排出,那么在釉料熔融状态不均匀的情况下,从釉层中分解、释放而上升到釉表面的气体形成气泡,在釉表面破裂后形成凹坑、针孔缺陷。

5. 釉面不平

釉浆的干燥速度过快、流动性不好或密度太大,会造成施釉时釉面不平,且烧成后釉面难以修至平整,影响产品的外观质量。

培训单元 2　泥釉浆料质量的改进与提高

1. 能判断泥釉浆料是否符合生产要求。
2. 能对泥釉浆料的质量提出改进建议。

一、泥浆的质量改进

泥浆的质量好坏与坯料配方、球磨工艺、泥浆处理工艺等有关。

1. 坯料配方

各种原料硬度不同,在球磨机中的研磨效率不同,所制得泥浆的细度也就不同。而各种原料密度不同,坯料配方不同,所制得泥浆的密度也就不同。配方中黏土用量越多,泥浆触变性越大;其中强可塑性黏土用量越多,泥浆悬浮性越好。

将回坯泥重新制成泥浆,会影响泥浆的触变性、悬浮性和流动性,因而处理回坯泥时要补充适量的电解质,让泥浆重新解胶。通常利用回坯泥的加入改善泥浆的流动性,进而调整注浆速度。

2. 球磨工艺

(1)球磨时间。球磨时间越长,物料受冲击的时间越长,则出磨泥浆的筛余量就越小。泥浆细颗粒含量越多,则黏度越大、触变性越大、悬浮性越好。

（2）加水量。加水量直接影响球磨机的研磨效率，也影响泥浆筛余量，最终影响泥浆的细度、黏度和密度。加水量越少则泥浆的触变性越大，加水量越多则泥浆的悬浮性越差。

（3）解胶剂的种类和加入量。加入品种适宜的适量解胶剂，可使泥浆具有良好的悬浮性和流动性。

3. 泥浆处理工艺

（1）泥浆陈腐时间。在陈腐过程中，泥浆中的黏土颗粒会分散得更均匀，使电解质中的 Na^+ 与被黏土颗粒吸附的 Ca^{2+}、Mg^{2+} 得到更加充分的交换，使泥浆中的有机物得到充分的分解而被排除。因此，陈腐可以改善泥浆的流动性、触变性和悬浮性。在一定的温度和湿度条件下，陈腐时间适当延长，效果更好。但陈腐时间不能过长，否则反而影响陈腐效果。

（2）泥浆脱气情况。泥浆脱气时，真空度越高，脱气效果越好，泥浆密度略有增大。

二、釉浆的质量改进

釉浆的质量好坏与釉料配方、球磨工艺、添加剂的使用等有关。

1. 釉料配方

釉料配方是影响釉浆流动性和悬浮性的重要因素。釉料配方决定釉的化学组成，影响釉的始融温度与熔融温度范围、热膨胀系数，以及釉熔体的黏度、表面张力。釉料配方直接影响烧后釉面质量，如光泽度、化学稳定性等。因此，釉料配方是决定釉浆质量的关键因素。

釉料配方中可塑性原料过多会造成釉浆黏度过大，施釉后易发生龟裂、釉层卷起等现象。当釉料配方中可塑性原料过多时，由于坯体的组织结构过于致密、渗透性不足，因此施釉时坯体外层会吸收水分而膨胀，且水分难以渗透至坯体内层，导致坯体内外层膨胀程度不一致而发生开裂。

2. 球磨工艺

（1）球磨时间。球磨时间越长，釉料受冲击的时间越长，则釉浆中固体颗粒越细，釉浆流动性及悬浮性越好，釉熔体黏度越小，烧后釉面光泽度也越好。但釉浆中固体颗粒过细时，釉浆稠度会增大、触变性会增强，在对干燥坯体进行施釉后，釉面容易发生龟裂、翘起而与坯体脱离等现象。如果施釉较厚，则上述缺陷更明显。但若釉浆中固体颗粒细度不足，则釉浆黏附力不够，釉浆的固体颗粒容易沉降，导致釉层与坯体的附着不够牢固。因此，要设定适宜的球磨时间，以获得细度适宜的釉料。

（2）加水量。加水量直接影响球磨机的研磨效率，也影响釉浆中固体颗粒细度。加水量不同，釉浆的密度、浓度、流动性及悬浮性不同。釉浆浓度过小，施釉时釉层过薄，烧成后制品釉面粗糙且光泽度不好；釉浆浓度过大，施釉操作不易控制，坯体的棱角部位往往难以施釉，且施釉后釉面容易开裂，烧成后制品表面可能产生堆釉等缺陷。

3. 添加剂的使用

添加剂的种类、用量和加入时间对研磨效率都有一定影响。添加剂的加入，一般是为了改善釉浆的流动性、悬浮性等性能以及釉浆对坯体的黏附力等，因而直接影响烧后釉面质量。对于不同类型的釉浆，所用添加剂的种类和用量应通过试验确定。

三、熔块的质量改进

对于熔块釉，熔块的质量决定了釉料的质量，因此，应特别重视熔块的质量改进。

1. 原料质量控制

原料质量的好坏决定了熔块质量的优劣。原料主要分为化工原料和矿物原料两类。

对于化工原料一般要求其纯度不低于98%，常用的化工原料有氧化锌（ZnO）、硼砂（$Na_2B_4O_7 \cdot 10H_2O$）、四氧化三铅（Pb_3O_4）、硝酸钾（KNO_3）、碳酸钙（$CaCO_3$）、硼酸（H_3BO_3）、碳酸钡（$BaCO_3$）等。

矿物原料受诸多因素影响，其组成成分波动较大。为了保证熔块质量的稳定，每次配料都应标明矿物原料的产地、批次、日期和人员，以便当熔块性能发生变化时进行分析。每批次矿物原料进厂后，要对其进行必要的化验分析或配方试验，如有条件，还应对其所含的微量杂质进行分析。在配料时，如果原料有所变更或出现质量差异，则应根据新原料或原料的质量变化对现行配方做出适当调整。

2. 配方设计

好的配方具有所制熔块高温易熔、不溶于水、烧成温度范围较宽等特点。

为了确保熔块高温易熔，配方中碱金属氧化物（R_2O）与碱土金属氧化物

（RO）之比（物质的量之比，下同）应控制在 1.1~1.3，Al_2O_3 与 SiO_2 之比宜为 1∶10，SiO_2 与碱金属氧化物和碱土金属氧化物（R_2O+RO）之比应控制在 2.5~4.5。

为了确保熔块不溶于水和烧成温度范围较宽，应严格控制配方中钠盐的引入，尽量选用钾长石，少用或不用钠长石。在高硼熔块中，可用硼酸取代全部或部分硼砂。因为当熔块含有较多的 B_2O_3 时，其溶解度将增大，这时通常需要加入至少 2 倍于 B_2O_3 的 SiO_2，以确保熔块不溶于水。

3. 原料细度控制

熔块原料的颗粒不宜太大，颗粒越小，其比表面积越大，熔化温度越低，熔化速度越快。一般要求石英和长石的细度在 250~325 目（0.045~0.061 mm），不必过细，否则成本增加、加工环节增多，其纯度不易保证。对于含锆乳白熔块，通常要求锆英砂细度达到 325 目或者更细，这样锆英石颗粒能充分熔化于熔块中，产生较好的乳浊效果。

4. 原料混合

原料应充分混合均匀。在小规模生产或实验室研究中，一般采用人工多次过筛的原料混合方法。在工业生产中，大多采用球磨机或混料机等设备对原料进行干法混合。

注意熔剂原料与难熔原料混合时的加料次序。应先将难熔原料（如石英、锆英砂等）加少量水湿润，再加入熔剂原料（如硼砂、四氧化三铅、硝酸钾等）搅拌、混合、过筛，最后加入其他原料并进行充分混合至均匀，以确保难熔原料表面被熔剂原料充分包裹，达到快速完全熔化的目的。

注意配方中用量较少的原料（用量比例小于 5%）的加入方法或顺序。在干法混料过程中，如果这类原料易遇湿结块或在局部相对集中，则容易造成混合不均匀的情况，且其用量比例越小，所产生的误差越大。这时，可将用量比例较小的原料与部分用量比例较大的原料先进行预混，再进行所有原料的混合。

5. 熔制制度控制

每种熔块的配方均有适合其自身的熔制温度。熔制温度控制不当，会对熔块质量产生影响。熔制温度过高，熔块中的易熔物质如硼砂、硼酸、四氧化三铅、碱金属氧化物等挥发，会改变熔块的化学组成，容易产生针孔、釉泡等缺陷；熔制温度过低，熔块熔化不透，熔块中夹有生料和气泡，容易产生针孔、釉泡、橘釉等缺陷，使釉的光泽度大大降低。普通熔块的熔化温度一般为 1 350~1 400 ℃，高档熔块的熔化温度宜控制在 1 450~1 550 ℃。

熔块熔制周期对熔块质量也有很大影响。对于含有铅、硼的熔块及碱金属元素含量较高的熔块，熔制周期应尽可能短，以防止易熔物质挥发；而对于铅、硼含量较低、碱土金属元素含量较高的熔块，熔化时间可适当延长，以使熔液充分排气并熔透。

培训项目 2

可塑坯料性能检测（A）

培训单元1　可塑坯料性能的综合评价

培训重点

1. 能根据可塑坯料的收缩性能检测情况分析质量问题。
2. 能根据可塑坯料的烧成性能检测情况分析质量问题。
3. 能判定可塑坯料是否符合生产要求。

知识要求

一、可塑坯料的质量评价

可塑坯料的质量指标包括可塑性、细度、收缩性能、烧成性能、含水率、空气含量（体积分数，下同）、干燥强度等。

1. 可塑性

坯料具有可塑性是可塑成型的基础，根据经验通常要求坯料不粘手、不粘模、干燥时不开裂。一般要求坯料的可塑性指标为3~5。为了改善坯料的可塑性，除了优选原料外，还可以采取以下措施：将高岭土或瓷土淘洗，除去其中的游离石英；延长球磨时间，适当提高泥料的细度；适当增加真空练泥的次数或延长陈腐时间；在坯料中加入少量的胶体物质，如树胶、纸浆废液、羧甲基纤维素、酒石酸、柠檬酸等。如果要降低坯料的可塑性，则在设计配方时可适当加入瘠性原料。

2. 细度

细度不仅影响可塑坯料的可塑性，还影响其干燥和烧成性能。可塑坯料的颗粒细度一般控制在 60 μm 以下，其中，2 μm 以下的宜占 30%～40%。允许有少量大于 60 μm 的颗粒，即万孔筛筛余量小于 0.3%。满足上述要求，黏土原料能达到高分散状态，石英、长石等硬质原料的颗粒也可以达到工艺要求。在制备过程中，要将可塑坯料混合均匀，使各组分大小不同的颗粒能彼此结合。可塑坯料的颗粒过粗或过细，都会带来不利影响。可塑坯料颗粒太粗，则其成型性能变差、烧成温度升高；可塑坯料颗粒太细，则容易造成坯体变形、烧成温度降低而引起烧成缺陷。在生产中一般通过万孔筛筛余量来控制颗粒细度，瓷器坯料要求万孔筛筛余量控制在 0.5%～1.5%，精陶坯料要求万孔筛筛余量控制在 2%～5%。

3. 收缩性能

收缩性能包括干燥收缩性能和烧成收缩性能，在生产过程中需要合理控制这两种收缩性能。

干燥收缩是指坯体从湿坯变为干坯的过程中所发生的收缩。通常情况下，干燥收缩是不可避免的，这是因为湿坯中含有大量水分，当水分逐渐蒸发后，坯体内部的颗粒会逐渐紧密地堆积在一起，于是整个坯体收缩。干燥收缩率的大小取决于陶瓷原料的物理性质、干燥条件、坯体形状等多种因素。通常情况下，干燥收缩率在 4%～7%。

烧成收缩是指坯体在经过高温烧结处理后所发生的收缩。在烧成过程中，坯体经历结晶水的排除、有机物的氧化、低共熔物的熔融、新晶相的形成等物理化学变化，其尺寸发生变化，收缩率发生变化。烧成收缩率与陶瓷原料的物理性质、烧成温度、保温时间等因素有关。在某些情况下，烧成收缩率还会受到添加剂的影响。一般来说，烧成收缩率在 10%～14%。

4. 烧成性能

烧成性能主要是指烧成温度和烧成温度范围。可塑坯料的烧成温度和烧成温度范围主要取决于 Al_2O_3 和 SiO_2 的相对含量，以及熔剂原料的种类与用量。一般来说，在熔剂组分不变的情况下，可塑坯料中 Al_2O_3 含量相对提高、SiO_2 含量相对降低，则烧成温度相对提高，烧成温度范围随之扩大。通常要求可塑坯料的烧成温度低一些，以节约成本；而烧成温度范围宽一些，以利于烧成控制。

5. 含水率

一般要求可塑坯料的含水率适宜且分布均匀。含水率的大小要根据成型方法而定，一般为19%～26%。大型器皿手工成型时其含水率可控制在23%～25%；一般器皿旋压成型时其含水率可以控制在23%～26%，滚压成型时其含水率可以控制在20%～23%。

6. 空气含量

可塑坯料中或多或少含有空气，空气会降低其可塑性，影响成品的机械强度。因此，一般要求可塑坯料的空气含量在10%以下。真空练泥工艺可以降低可塑坯料的空气含量。

7. 干燥强度

可塑坯料干燥后的抗折强度一般在15～25 kg/cm^2。为了便于成型和输送，坯体经干燥后应具有一定的强度，以防止坯体在脱模、修坯、施釉等工序中被损坏。

二、成型缺陷与可塑坯料性能之间的关系

1. 旋压成型缺陷与可塑坯料性能之间的关系

旋压成型缺陷主要有夹层开裂、外表开裂、花坯和缺脚等，这些缺陷的成因与可塑坯料的可塑性、含水率、空气含量等性能有关。

（1）夹层开裂。夹层开裂是指坯体内夹有空隙，坯体组织结构出现分层现象。如果在坯体成型前，坯料中已经含有较多的空气，甚至存在夹层，那么在旋压成型时就应避免二次补泥。

（2）外表开裂。外表开裂主要是指坯体在形状复杂、厚度急剧改变的部位开裂。如果在旋压成型操作过程中加水过多，使坯体的凹下部位积水，坯体干燥后就会开裂。因而应控制坯料的含水率，尤其要在加水"赶光"时注意加水量。

（3）花坯和缺脚。花坯是指坯体表面有条痕。缺脚是指坯体脚部残缺。花坯和缺脚多是由于坯料的可塑性太差或含水率过低，若想避免应改善坯料的可塑性、适当提高坯料的含水率。

2. 滚压成型缺陷与可塑坯料性能之间的关系

滚压成型缺陷主要有粘滚头、坯体开裂、底部上凸、花底等，这些缺陷的成因与可塑坯料的可塑性、含水率等性能有关。

（1）粘滚头。在滚压过程中，坯料有时会粘在滚头上，或粘在滚头边缘的沟

槽处。这是由于坯料可塑性太强或含水率太高,若想避免应降低坯料的可塑性和含水率。

(2)坯体开裂。坯体开裂是指坯体有大小不等的裂纹。这是由于坯料可塑性太差、含水率太低且分布不均匀,若想避免应改善坯料的可塑性或适当提高坯料的含水率。

3. 塑压成型缺陷与可塑坯料性能之间的关系

塑压成型缺陷主要有坯体脱模困难、模型易破损等,这些缺陷的成因与坯料的含水率等性能有关。

(1)坯体脱模困难。坯料含水率对脱模效果影响很大。坯料含水率过高,坯体容易粘模而导致脱模困难,因而应合理控制坯料的含水率。

(2)模型易破损。坯料含水率偏低、加泥量偏高,都会造成模型易破损。因此,应合理控制坯料的含水率及加泥量。

三、陶瓷产品缺陷与可塑坯料性能之间的关系

与可塑坯料性能有关的陶瓷产品缺陷主要有变形、裂纹等,这些缺陷的形成与可塑坯料的配方以及颗粒大小与颗粒级配、可塑性、含水率、空气含量、膨胀系数等性能有关。

1. 变形

变形是指产品呈现不符合设计要求的形状。其原因主要如下。

(1)配方不当。例如:高可塑性黏土原料用量过多,导致坯体收缩率增大而产生变形;熔剂原料特别是长石用量较多,坯体在烧成时容易变形。

(2)可塑坯料中颗粒过细。可塑坯料中颗粒过细,则其收缩率过大、熔融温度过低,因而坯体容易产生变形。

(3)可塑坯料练泥不充分、练泥真空度不够、陈腐时间不足。练泥不充分,可塑坯料的组分分布不均匀而导致坯体变形。练泥时真空度不够,可塑坯料中含有大量空气,成型后坯体内形成夹层,干燥时收缩不均匀会导致变形。

(4)可塑坯料含水率过大。可塑坯料含水率过大,成型、脱模后坯体会因含水率较高而发软,因而易发生变形。

2. 裂纹

裂纹是指坯体、釉层发生开裂。其原因主要如下。

(1)坯用原料所含的有机杂质过多,洗选料不符合要求,导致坯体成型后

开裂。

（2）坯用原料中碳酸盐、硫酸盐等杂质过多，烧成时这类杂质发生分解反应、释放气体，导致尚未熔化的釉层发生剥离和破裂而出现釉裂。

（3）配料时原料称量不准确，或硬质黏土（即低可塑性黏土）用量不当，导致可塑坯料的可塑性和结合性较差，坯体成型后易开裂。

（4）可塑坯料的颗粒过细或过粗，颗粒级配不合理，均有可能引起坯体成型后开裂。

（5）练泥不充分、练泥真空度不够、颗粒发生定向排列等，使可塑坯料的组织均匀性和含水率均匀性较差而导致坯体成型后开裂。

（6）采用可塑成型方法时，可塑坯料含水率太低，坯体成型后容易开裂。

（7）坯釉料膨胀系数不匹配，坯体成型、烧成后容易开裂。

培训单元 2 可塑坯料质量的改进与提高

1. 能对可塑坯料质量提出改进建议。
2. 了解可塑成型的方法与特点。
3. 了解可塑成型工艺对可塑坯料的要求。

一、可塑坯料的质量改进

1. 改进配方

（1）通过控制配方中可塑性原料的种类和用量，调整和改进可塑坯料的可塑性。

（2）通过控制配方中瘠性原料的种类和用量，调整和改进可塑坯料的收缩性。

（3）通过控制配方中熔剂原料的种类和用量，调整和改进可塑坯料的烧成性能。

（4）通过调整配方中各原料的比例，调整可塑坯料的结合性，提高坯体的强度。

（5）通过改进坯釉料配方，使坯釉间能形成良好的坯釉中间层。

（6）通过调整坯釉料配方，使坯釉膨胀系数相匹配，避免釉层剥釉或釉面开裂。

（7）合理使用原料，调整烧成温度范围和高温下釉熔体黏度，改善釉面的光泽度等，提高釉面质量。

2. 改进球磨工艺

（1）控制球磨时间，调整颗粒细度，改进可塑坯料的可塑性和结合性。

（2）调整加料方式，使颗粒级配合理，改进可塑坯料的收缩性。

3. 改进压滤工艺

（1）调整压滤压力，控制可塑坯料的含水率。

（2）控制加压方式，采用先低压再提高到最终操作压力的加压方式，提升压滤效率。

（3）适当延长压滤时间，在压力一定的前提下，压滤时间越长，可塑坯料含水率越小。

4. 改进练泥工艺

（1）控制练泥真空度。若真空练泥机的真空度不够，泥段会出现螺旋状开裂或层裂缺陷。真空练泥机的真空度越高，排气效率越高，则可塑坯料的空气含量越低。

（2）控制加泥速度。加泥速度的波动直接影响出机泥条的连续均匀性，其快慢会影响真空室的真空度，也会影响可塑坯料的可塑性和组织结构均匀性。

（3）控制练泥时间。练泥时间越长，各组分的均匀性越好，可塑坯料的可塑性也越好。

（4）调整真空练泥次数。经过二次甚至多次真空练泥，可塑坯料所经历的切割、排气、揉练的次数越多，各组分的均匀性越好，含水率分布越均匀，空气含量越低，可塑性越好。

二、可塑成型方法及其特点

可塑成型是指在外力作用下，使可塑坯料发生塑性变形而制成坯体的方法。由于外力和操作方法不同，日用陶瓷的可塑成型方法分为手工成型和机械成型两大类。雕塑、印坯、拉坯、手捏等属于手工成型方法，多用于个性化艺术陶瓷的制作。而旋压、滚压和塑压成型则是目前陶瓷生产企业常采用的机械成型方法，可用于盘、碗、杯、碟等制品的生产。

1. 旋压成型

旋压成型又称刀压成型，是指利用型刀和石膏模型使可塑坯料成型的一种可塑成型方法。成型时，将一定量的可塑坯料投入石膏模型中，将石膏模型置于模座中，使之旋转，然后将型刀慢慢下压置于可塑坯料之上。由于型刀和石膏模型相对旋转，因此可塑坯料在型刀的压挤和刮削作用下沿着石膏模型的工作面均匀延展成坯体。多余的可塑坯料黏附于型刀的排泥板上，可以用手清除。显然，型刀的工作弧线与石膏模型的工作面共同作用，形成了坯体的内外表面，而型刀与石膏模型之间的距离则决定了坯体的厚度。旋压成型分为阳模成型和阴模成型。前者适用于生产扁平的制品，如盘、碟等；后者适用于生产具有深腔的空心制品，如杯、碗等。

旋压成型的特点是设备简单、适应性强，可以旋制大型深腔制品，但在成型时提供的正压力较小，制得的坯体致密度较差、不够均匀、易变形，操作者劳动强度大，生产效率低。为了提高产品质量和生产效率，日用瓷生产已广泛用滚压成型代替旋压成型。

2. 滚压成型

滚压成型由旋压成型发展而来，它采用具有回转体的滚头代替型刀作为主要成型部件。成型时，滚头和模型分别绕自己的轴线以一定速度同方向旋转，可塑坯料在滚头的滚压作用下延展成坯体。

在滚压成型过程中，可塑坯料是均匀展开的，其受力比较缓和、均匀，坯体成型后其组织结构较均匀。如果滚头与可塑坯料的接触面积增大，成型压力增大，受压时间延长，则坯体的致密度和强度相应增大。另外，滚头具有使坯体表面光滑的作用，因此无须加水"赶光"，坯体表面质量较好。滚压成型具有生产效率较高、易于组织机械化和自动化流水线生产、能改善劳动条件等优点，因而在日用陶瓷生产企业中得到广泛应用。

从成型方式来看，滚压成型分为阳模滚压和阴模滚压两种。阳模滚压又称外滚，是指用滚头来决定坯体的外表面形状和大小。阳模滚压适用于制作内表面有花纹的扁平状、宽口产品。阴模滚压又称内滚，是指用滚头形成坯体的内表面。阴模滚压适用于制作口径较小的深腔产品。

另外，滚压成型还有热滚和冷滚之分。热滚成型采用加热装置将滚头加热到一定温度（通常为120 ℃左右），当滚头接触可塑坯料时，滚头表面产生一层"蒸汽膜"，这层"蒸汽膜"可防止可塑坯料粘滚头。采用热滚成型时，对可塑坯料的含水率要求并不严格，但要严格控制滚头温度，操作不便且需要增加附属设备（维修保养频繁）。冷滚成型则在常温下进行，可通过控制可塑坯料性能（如含水率等）、合理选择滚头材料等来防止可塑坯料粘滚头，操作简便，因而目前应用较多。

3. 塑压成型

塑压成型是指将可塑坯料放在模型内，在常温下将其压制成坯体的一种成型方法。所使用的模型一般为蒸压型的 α- 半水石膏模型，其内部盘绕一根多孔纤维管，可以通入压缩空气以及进行抽真空。安装时应在上、下模之间留有 0~25 mm 的空隙，以便扫除余泥。塑压成型适用于制作异型盘碟类制品等，如鱼盘、方盘、多边形盘及内外表面有花纹的制品。由于塑压成型对可塑坯料施加一定的压力，因此坯体的致密度较旋压成型、滚压成型坯体都高。塑压成型的缺点是所用石膏模型使用寿命较短，容易破损。随着生产技术的发展，目前生产中有采用多孔树脂模、多孔金属模等高强度模型的，但只能进行板、盘等形状简单的扁平状制品的成型。

塑压成型原理如下：利用坯料的可塑性，对置于模型内的坯料施加一定的压力，使坯料延展、受挤压而成型，然后将规定压力的压缩空气分别通入上、下模中，借助压缩空气的作用，将已成型的坯体从石膏模型中顶离，从而达到脱模的目的。

塑压成型方法适合中小陶瓷企业应用，这种成型方法在产品适应性和生产效率上，与注浆成型和滚压成型相比优势明显。因而塑压成型可代替注浆成型和滚压成型，尤其适用于制作浅腔广口类异形陶瓷产品，所得坯体的含水率低于注浆成型坯体，其致密度和强度也有较大程度的提高。通过塑压成型方法制得的异形浮雕产品，具有器型规整、尺寸精确、表面光滑、密度大、变形小等特点。

三、可塑成型工艺对可塑坯料的要求

1. 旋压成型

旋压成型对可塑坯料的一般要求是含水率均匀、各组分均匀、可塑性好。旋压成型通过型刀的挤压和刮削来使可塑坯料成型，型刀对可塑坯料的作用力相对较小，故可塑坯料的屈服值不宜太高，且含水率宜稍高一些，通常为21%~26%。另外，成型时为了提高坯体表面的光滑程度，可在坯体表面滴少许水，以达到"赶光"的目的。

2. 滚压成型

滚压成型对可塑坯料在可塑性和含水率两个方面都有要求。由于成型时可塑坯料受到压延力的作用，因此要求其具有适宜的可塑性，一般要求含水率低一些。如果坯料可塑性太低且含水率也低，则滚压时易开裂，坯体易破损。如果坯料可塑性过高且含水率也高，则滚压时易粘滚头，坯体易变形。进行滚压成型时，可塑坯料所受压力较大、较均匀，所以不必过分强调其可塑性，一般通过调整含水率来调节其可塑性。

滚压成型对可塑坯料的要求与所采用的方法和产品的大小直接相关。进行阳模滚压时，因为可塑坯料位于模型的外表面，所以其含水率较低才不会从模型上甩离，同时其延展性应较好。而进行阴模滚压时，可塑坯料的含水率可以稍高一些、可塑性可以稍低一些。如果采用冷滚方法，则可塑坯料的含水率宜低一些、可塑性宜好一些。如果采用热滚方法，则对可塑坯料可塑性和含水率的要求可适当放宽。对于小件制品的滚压成型，所用可塑坯料的含水率可以适当提高；对于大件制品的滚压成型，所用可塑坯料的含水率应高一些。此外，可塑坯料的含水率还要适应滚头的转速。滚头转速慢，可塑坯料含水率可高一些；滚头转速快，可塑坯料含水率不宜过高，否则易粘滚头，甚至出现飞泥现象。进行滚压成型的可塑坯料含水率一般控制在19%~23%。

3. 塑压成型

进行塑压成型的可塑坯料一般采用高可塑性原料，其含水率一般为21%~26%。进行塑压成型时，成型压力由可塑坯料的含水率决定，含水率较低的，其成型压力较高。有实验研究表明：可塑坯料含水率为28%时，成型压力约为1.5 MPa；可塑坯料含水率降为23%时，成型压力可增至3.5 MPa。

进行塑压成型时，若可塑坯料含水率过低，虽然所得坯体的致密度较好，但所用模型易破损；若可塑坯料含水率过高，虽然塑压成型较易进行，但所得坯体表面不光滑且容易变形，同时易粘模、难脱模。因此，用于塑压成型的可塑坯料的含水率必须控制在一定的范围内。

培训项目 3

颜料性能检测（B）

培训单元 1　颜料性能的综合评价

1. 能检测铅、镉溶出量等颜料性能参数。
2. 能根据颜料性能检测结果，对工艺参数的调整提出合理化建议。
3. 能提出颜色调配建议。

一、颜料的质量要求

陶瓷颜料分为釉上彩颜料、釉中彩颜料、釉下彩颜料。釉上彩颜料又分为平印颜料（俗称新彩颜料）、网印颜料、粉彩颜料。一般对陶瓷颜料质量有以下要求。

1. 颜料的粉末颜色与标样基本一致，普通颜料的粉末含水率应不大于 0.45%。
2. 对于平印颜料，pH 值应不大于 8.0；对于网印颜料，pH 值应不大于 9.0。
3. 对于平印颜料，直径小于 15 μm 的颗粒应不少于 95%，最大颗粒直径应不超过 30 μm；对于网印颜料、釉中彩颜料，直径小于 15 μm 的颗粒应不少于 90%，最大颗粒直径也应不超过 30 μm；对于粉彩颜料，最大颗粒直径应不超过 840 μm；对于釉下颜料，直径小于 15 μm 的颗粒应不少于 92%，最大颗粒直径也应不超过

30 μm。对于锰红类颜料，直径小于 15 μm 的颗粒应不少于 82%，最大颗粒直径应不超过 35 μm。

4. 含铅颜料的铅溶出量应不大于 0.30 mg/dm^2，镉溶出量应不大于 0.18 mg/dm^2。对于无铅无镉颜料，其粉末（含有铅镉杂质）的铅含量应不大于 600 mg/kg，镉含量应不大于 100 mg/kg。对于无铅含镉颜料，其粉末（含有铅杂质）的铅含量应不大于 600 mg/kg，镉溶出量应不大于 0.18 mg/dm^2。

5. 将烧后样品与标样进行对比，目测光泽效果两者基本一致，色差值 ΔE 应不大于 1.5。

6. 涂有釉上彩颜料的色块经酸处理后，色泽应无明显变化，耐侵蚀等级应不低于 3 级；经碱处理后，色泽应无明显变化，耐侵蚀等级应不低于 4 级；进行一次 180 ℃、20 ℃热交换，应无开裂、脱落现象。

二、颜料的质量评价指标

1. 颜料的 pH 值

pH 值对颜料呈色有影响。例如，酸性环境有利于镨锆黄的呈色，随着 pH 值的增大，镨锆黄的颜色变化情况为黄绿色、黄色、亮黄色、土黄色。当 pH=5 时，镨锆黄呈现亮黄色。

测定颜料 pH 值的常用方法如下：称取两个待测粉样各 30.0 g，分别倒入 150 mL 搅拌状态下的蒸馏水中，继续搅拌 2～5 min，在室温下静置 30 min 后，用滤纸过滤上层澄清液，滤液不少于 50 mL；用酸度计测定澄清液的 pH 值，精确到 0.1。当平行测定的两个 pH 值之差不大于 0.3 时，取其平均值表示测定结果，否则应重新测定。

2. 颜料的呈色

陶瓷颜料含有可着色金属元素，经高温煅烧后最终呈色。由于经过高温煅烧后可着色的金属元素种类有限，因此陶瓷颜料的种类也是有限的。在生产中有时需要根据用户要求进行调色，将待测颜料和标样按相应的方法，在同一坯体上彩烧后进行对比观察。生产中常用的对比方法有以下两种。

（1）分别在两份光亮的锆釉中加入 3% 的试验颜料和标准颜料，将两种釉分别施于坯体上，在相同条件下烧成，观察比较试验颜料和标准颜料的呈色情况。

（2）将光亮的锆釉施于坯体上，用刷子将试验颜料和标准颜料分别涂布于施锆釉的坯体上，均形成渐变色，再施一层用于配制颜色釉的光亮、透明熔块（制成浆料），在相同条件下烧成，观察比较试验颜料和标准颜料的呈色情况。

3. 颜料的耐酸、耐碱性能

颜料的耐酸、耐碱性能是指经酸液、碱液处理后，涂有釉上彩颜料色块的色调、色泽无明显变化。检测颜料的耐酸、耐碱性能时，先按规定方法制作花纸色块并剪取同样大小的 6 个小色块，分别贴在 6 件陶瓷样盘内壁上，煅烧后备用。

检验颜料耐酸性能时，在烤好的 3 件陶瓷样盘中分别注入新配制的 4% 乙酸溶液（酸液的注入量以没过色块面积的一半为宜），将陶瓷样盘用玻璃板盖好或用保鲜膜封好，于（22±2）℃温度下浸泡 24 h 后，用清水洗净、晾干，距离 30 cm 目测观察被浸泡色块部分的色泽变化情况，以侵蚀痕迹最大的作为检验结果。

检验颜料耐碱性能时，在烤好的另外 3 件陶瓷样盘中分别注入新配制的 5% 碳酸钠溶液（碱液的注入量以没过色块面积的一半为宜），将陶瓷样盘用玻璃板盖好或用保鲜膜封好，于（60±2）℃恒温箱内浸泡 32 h 后，用清水洗净、晾干，距离 30 cm 目测观察被浸泡色块部分的色泽变化情况，以侵蚀痕迹最大的作为检验结果。

4. 颜料的热稳定性

检验颜料热稳定性时，制备色块试样 3 块，将色块试样置于箱式电阻炉或热稳定性测定仪中，自室温升至 180 ℃后保温 10 min，然后取出色块试样并迅速投入（20±2）℃的水中，10 min 后取出色块试样并擦干，用与颜料颜色不同的颜色水检测色块试样有无裂纹。

5. 颜料的铅、镉溶出量

对于平印颜料、网印颜料，可以采用适当的印刷方法，在膜纸上印出厚度相等、面积约 1 dm^2 的花纸色块 6 个，将花纸色块分别贴在 6 件口径相同的无铅、无镉扁平瓷盘上，将瓷盘烤烧后备用。

对于粉彩颜料，取 3~5 g 样品，采用适当的彩绘方法，在 6 件口径相同的无铅、无镉扁平瓷盘上分别绘出 1 dm^2 的色块，将瓷盘烤烧后备用。

对于烧后瓷盘，按《日用陶瓷器铅、镉溶出量的测定方法》（GB/T 3534—2002）所规定的方法，从萃取液中测出铅、镉浓度（μg/mL），计算铅、镉溶出量。

三、陶瓷颜料的颜色调配

对于陶瓷颜料生产企业来说，颜料的颜色调配是十分重要的。颜料产品煅烧后受原料、煅烧条件等因素的影响，各批次产品的最终呈色效果存在一定差异，这时需要进行颜色调配，以保证前后批次产品色调具有一致性、最终呈色效果具有稳定性，使产品质量得到保证。

由于现有的颜料产品有限，因此在日常工作中需要对现有的颜料产品进行技术性调配，以满足市场对颜料色彩、色调等方面的要求。陶瓷颜料不同于普通颜料，多方面因素会影响其最终呈色，但对陶瓷颜料进行颜色调配时，可以借鉴普通颜料的调配方法，最终呈色效果以实验结果来确认即可。实际调配操作中常碰到以下几个问题：颜料的外观颜色与其在釉中的呈色不完全一样，依照三原色定理对两种颜色进行比例调配时得到的不一定是中间色，同种颜料在不同的釉或坯粉中的呈色不一定相同。技术人员要想解决这些问题，除了要掌握颜色调配理论知识和积累一定的工作经验外，还要对颜料性质及基础釉、坯料对其呈色的影响有充分的认识和了解。技术人员只有具备了上述条件，才能更好、更快捷地进行陶瓷颜料的颜色调配。

1. 陶瓷颜料的特性

陶瓷颜料大多为人工合成的，其晶体具有稳定的结构，色彩丰富，高温稳定性和化学稳定性较好，在釉中的溶解量较少，且不易与釉中的某些成分发生反应。与普通颜料不同的是，陶瓷颜料在呈色前需要经过高温煅烧，所以调配出来的颜色不是产品的最终呈色效果，不具有普通颜料的可见性。因此，需要对混色比例、烧成影响、坯釉适应性等做出判断，特别要对颜料的品种、性质和使用方法有充分的了解，如颜料的极限使用温度、在釉中或坯中的呈色情况等。

2. 影响颜色调配的因素

（1）颜料的使用条件。陶瓷颜料属于无机颜料，按使用对象一般分为釉用颜料和坯用颜料。釉用颜料的使用温度通常在 1 100～1 200 ℃，坯用颜料的使用温度通常在 1 200 ℃以上。每种颜料产品都有极限使用温度，温度过低或者过高对其呈色影响很大。对于釉用颜料来说，温度太高会破坏其晶体结构，影响其最终呈色，严重时会导致失色。对于坯用颜料来说，温度过低无法达到坯体的烧成温度，坯体颜色就会影响颜料产品的呈色。每种颜料产品对釉料、坯体都有一定的适应性，并不是所有的釉料、坯体都适合同一种颜料产品。

（2）颜料的外观因素。颜料的最终呈色不一定就是其外观颜色。实际工作中往往会出现以下现象：同一产品，a 样的外观颜色比 b 样深，但经过煅烧后，a 样的最终呈色比 b 样浅；煅烧前，a 样已调至与 b 样的外观颜色相同，但最终呈色还是不同；a 样和 b 样混合后，得到的不一定是两者的中间色。以上现象说明：颜料外观颜色的深浅与颜料的最终呈色没有必然的关系，三原色定理并不适用于所有的颜料产品，颜料的外观颜色并不一定是其最终的呈色。例如，同样是呈蓝色调的钴系颜料海碧蓝和宝石蓝，后者的外观颜色却是紫色。

（3）基础釉对呈色的影响。日常工作中有时会出现这样的情况，已经配好的产品经品检合格出厂，结果到客户那里就出现问题。这多是由于工厂与客户使用的基础釉不同所致。陶瓷颜料按其晶格结构可分为锆英石型、尖晶石型等14个类型。除了锆基颜料对基础釉没有特殊的要求外，其他类型的颜料都需要与合适的基础釉相配合，否则无法获得最佳的呈色效果。陶瓷颜料在使用过程中会出现以下两种情况。

1）色基在基础釉中溶解后，最终呈色会变淡。在高温下，釉中的低熔点成分如 Li、Na、K 等，对颜料产生助熔作用，有时再结晶会使颜料的呈色效果更好。例如，锆铁红在含锆釉中的呈色能力变强，色调纯正。又如，铬铝红在高铝釉、高锌釉中的呈色效果比在其他釉中要好。

2）基础釉中的某些成分与色基发生反应，生成新的晶相改变原有色调。例如，具有尖晶石结构的 Co–Cr–Al–Zn 系孔雀绿，在含 Si 高的釉中吸收长波，呈现偏绿的色调，而在含 Na、K、Ca 高的釉中吸收短波，最终呈现蓝色调。因此，在进行颜料调配时，需要考虑基础釉对其呈色效果的影响。坯对颜料颜色的影响比釉要小一些，主要考虑其极限烧成温度等参数的影响。

3. 颜色调配的注意事项

（1）掌握混色原理。颜色种类众多，大致分为红、黄、蓝、绿、紫、黑、灰、白等颜色，各种颜色之间存在一定的内在联系。色调是颜色相互区别的特性，物体的色调取决于光源的光谱组成和人眼对物体表面所反射的光的波长辐射比例的感觉。陶瓷颜料的颜色首先取决于着色离子的存在状态，即颜料的自身结构；其次取决于制备工艺和使用条件。

在陶瓷颜料的调配过程中，混合使用的颜料种类越多，其明度和纯度越低，最后趋向黑灰色。在进行颜料调配时，除了依据工作经验，还要依据三原色定理。通常将两种颜色的颜料混合得到其中间色，如将红色和黄色混合得到橙色。当然也有一些特殊情况，如用蓝色和黄色混合却得到绿色。还有一种情况，当两种颜色为色系相差较远的互补色时，将其混合得到的是黑灰色，如紫色与黄色混合就得到黑灰色。只有对所用颜料的呈色知识有充分的了解，才能更好地依据三原色定理快速、有效地开展调配工作。

（2）正确分辨颜色。颜色与照射光源、物体性质、眼睛的反应有十分密切的关系。不同人在不同光源下看到的同一样品颜色可能存在差异，因此需要工作人员在实际工作中准确判别。注意，不要过度依赖色差仪器，可以借鉴其数据，但需要由人的眼睛来进行最终判定。在调配过程中所用的样品必须具有整批次产品的代表性，这一点是十分重要的，否则将导致调配失败。

（3）控制系统误差。由于在颜料混合、喷釉制板过程中往往存在一定的误差，因此要求规范操作每一步，特别是调配两种以上颜料时，可将其使用量同比例扩大，以减小各个环节的误差，且整个试验必须在同一条件下完成。只有保证每一环节的误差最小，才能降低整个试验的系统误差，使试验结果更具有代表性。

培训单元2　颜料质量的改进与提高

1. 能判定颜料是否符合生产要求。
2. 能对颜料质量提出改进建议。

一、颜料质量的改进

提高颜料质量，应守住原料进厂关、严把生产过程关和控制产品入库关。

1. 守住原料进厂关

原料质量的好坏直接影响陶瓷颜料的呈色及稳定性。原料的种类、产地、生产方法、晶形结构、化学组成、细度和含水率等均对颜料的呈色有影响。对于进厂的每批原料，都要按照科学的方法进行取样检测。原料的化学组成和细度是重要的质量控制指标，而原料的含水率则影响配料准确性。某些原料有不止一种矿物形态和生产方法，这些因素会对颜料质量产生不同的影响。例如，二氧化钛有金红石型、板钛矿型，氧化铝有α型、γ型等，这些原料必须按配方要求进行采购验收。又如，氧化锌等原料有多种生产方法，其杂质含量和种类、颗粒大小、纯度等常随生产方法不同而不同，稍不注意，这些因素就会严重影响颜料呈色。诸如此类问题，都要靠守住原料进厂关才能解决。

2. 严把生产过程关

颜料的主要生产工序为混合、煅烧、水洗和粉碎，通常重点对这几道工序进行质量管理。

在混合工序中，首先，需要检查配料称量是否准确、可靠。如果计量工具长期未校正，或计量不用秤而按包装袋标称质量估算等，就很难说配料称量是准确、可靠的，配料称量不准确、不可靠将使产品色调发生变化，甚至超出允许的色差范围。其次，需要检查配料使用的各种原料的细度是否符合要求。反应物的细度决定了在正常温度下反应是否完全，而反应完全则是颜料呈色稳定的重要保证，因为反应完全可以避免二次反应和因温度波动或气氛改变而产生的色调变化。最后，需要检查混合料的混合程度。因为混合程度的好坏决定了混合料煅烧时反应是否完全。最好用专门的仪器测定每批混合料的混合程度，也可以根据小样试烧结果来进行质量控制。

在煅烧工序中，需要重点管控煅烧制度，保证产品的质量。例如，煅烧温度是否合适，有无"过烧"或"生烧"现象；定期校正检测仪器，检查煅烧气氛是否符合要求。在煅烧结束后，应对色块试样进行观察，并使用测色仪来评价颜料的颜色品质。

水洗对许多颜料来说至关重要。凡是含有铬酸盐、硼酸盐、硫酸盐等可溶盐的颜料半成品，都必须进行水洗工序，直到可溶盐被洗净为止，否则会影响颜料的使用性能。水洗质量管理主要是检测洗涤产物的可溶盐含量和酸碱度，并根据检测结果进行质量控制。

粉碎可针对原料、半成品和成品。粉碎质量管理主要是检测粉碎产物的细度，常用标准筛或颗粒检测仪来检测，并根据检测结果进行质量控制。

总之，如果能在这些主要生产工序中进行严格的质量管理，因操作偏差而产生的色调变化就会相对降低。

3. 控制产品入库关

陶瓷颜料质量集中表现为呈色稳定性，在实际生产中常以色差为标准加以评价。为了控制每批颜料产品与标样之间的色差在允许范围内，在将颜料产品入库前应进行配色与混合。在对色块试样进行肉眼观察、比较，以及使用色差计进行测定、确认后，颜料产品方能打包入库。

二、颜料质量缺陷的种类及解决办法

1. 颜色剥落

颜色剥落是指在制品釉面上彩绘的颜色（颜料层）发生龟裂或剥落。主要原因如下：颜料与制品釉层的膨胀系数不匹配，不能形成良好的中间层；瓷胎不干净，施彩过厚；煅烧后冷却过急。

解决办法：在颜料中适当添加含硅量较少的熔剂，以调整颜料的膨胀系数和熔融温度；适当减薄颜料层厚度，并要求其厚薄均匀；改进冷却制度，降低窑尾风机风量。

2. 缩花

缩花常发生在用花纸装饰的产品中。主要原因如下：印刷花纸时调色釉料过量或套印层次太多，粘贴花纸时操作不规范，烤花时升温过急。

解决办法：提高花纸的品质，减少套印层次，调整调色釉料的用量；粘贴花纸时要细心，要求将花纸刮平（不起皱），排净花纸下面的空气和去除多余的粘贴液，如果发现粘贴的花纸有皱纹或气泡，要先补涂酒精溶液再将花纸刮平；为了使载花塑料薄膜在烤花预热阶段充分氧化，要求窑内通风良好、升温不宜过急，以使分解的气体全部排出；对于采用花纸粘贴底款的制品，要采用垫饼（圈）或支架装烧，以防底款缩花。

3. 画面、边线残缺

主要原因是在彩绘和烤花过程中操作不仔细，或搬运时使制品互相碰撞。

解决办法：认真贯彻操作规程，做到残缺花纸不贴、破损印章不印，取放和堆码制品时应小心、谨慎；对于完成彩绘的制品，要等色料或花纸干固后才能进入下道工序，并按规定数量装箱、加垫纸隔离，勿使画面和金边互相接触；将制品装窑或装车时要做到正、直、平、匀、稳，堆码制品要松紧适度，以防制品在窑内运行时互相碰撞。

4. 色脏

主要原因是在煅烧过程中制品互相接触或摩擦，或操作时手上粘有杂物而污染制品。

解决办法：进行彩绘、彩贴、描金、镶线等操作时，坚持做到"三净"（手净、工具净、操作台净），取放制品时要小心，堆码制品不要过紧，待色料、装饰线干固后才能进入下道工序，并加垫纸隔离，以防制品互相接触；搬运半成品要平稳，以防半成品互相摩擦；装窑前要严格检查是否存在色脏现象，装放制品时要保持一定间距，进车要平稳，以防制品互相碰撞。

三、釉上彩、釉下彩、釉中彩颜料的应用

1. 釉上彩颜料的应用

釉上彩颜料由色基、熔剂、调节剂三部分组成。熔剂的组成对于色调的变化影响很大。

制备色基时应严格控制所用原料的质量，待检验合格后方可使用。配料时应准确称量各种色基原料，确保按照配方配料。应严格控制色基的研磨细度，一般要求小于 5 μm 的在 85% 以上，其中，蓝色、绿色色基中小于 5 μm 的颗粒应在 90% 以上。应制定合理的色基烧成制度，根据色基组成确定适当的烧成温度和气氛。

制备熔剂时，要求熔剂熔化性能好、外观透明光亮，熔剂的组成成分对色基的着色无破坏作用。另外，熔剂的化学稳定性应较好，耐酸碱性能和铅溶出量要达到相关标准要求。熔剂的制备过程是先将装入坩埚的熔剂原料放在加热炉中熔成液体，再将液体倒入水中急冷，然后进行粗碎，最后采用干法或湿法磨细。一般釉上彩颜料的烧成温度在 650 ~ 850 ℃，因为其烧成温度较低，所以釉上彩颜料种类繁多、色彩丰富。釉上彩颜料呈色稳定，色彩鲜艳。釉上彩颜料可广泛用于贴花、喷花、印花、手工彩绘等工序中。

2. 釉下彩颜料的应用

釉下彩是在已成型、晾干的素坯上绘制各种纹饰，然后罩以白色透明釉或者其他浅色面釉，入窑高温（1 200 ~ 1 400 ℃）一次烧成。釉下彩是在釉层之下进行彩绘，由于图案被覆盖在釉层下方，因此釉下彩瓷器的表面平滑光亮、不易磨损、永不褪色。但釉下彩的应用限制也很明显：颜料跟坯体一起烧成，要能经受高温、抵抗釉的溶解。能达到这个要求的颜料品种很少，所以釉下彩的颜色种类较少，呈色效果一般，价格却相对较贵。生产釉下彩颜料时应注意以下事项。

（1）严格控制各种原料的质量，配料前必须分析、试烧。固定煅烧温度，减小煅烧温度高低不同造成的色差。

（2）必须将含有可溶盐的颜料产品洗涤干净，以洗涤至呈清水或呈中性方可达到使用标准。

（3）根据使用要求，各种颜料产品的研磨细度必须达到要求，一般要求

250目筛全过，含钴的颜料产品要求320目筛全过。

（4）釉下彩颜料的膨胀系数必须与釉的膨胀系数相匹配，在使用过程中，可以根据装饰产品性能要求，添加合适的熔剂或长石等原料进行调节。

3. 釉中彩颜料的应用

釉中彩颜料的熔剂成分不含铅或含少量的铅，按釉上彩方法施于器物釉面后，经过1 100~1 260 ℃的高温快烧（一般在最高温度时不超过半小时），釉层软化、熔融，颜料渗入釉内，冷却后釉层封入颜料。釉中彩颜料又称高温快烧颜料，它抗腐蚀、耐磨损，具有釉下彩颜料的装饰效果。

釉中彩颜料的色基应稳定，不易与熔剂及釉料反应而脱色。其颗粒细度宜在15 μm以下。色基与熔剂的比例通常为（20~60）:（80~40）。

培训项目 4

粉料性能检测（C）

培训单元 1　粉料性能的综合评价

培训重点

1. 能根据粉料的工艺性能检测情况，分析、查找存在的质量问题。
2. 能根据粉料的工艺性能检测情况，对粉料制备工艺提出调整建议。
3. 能判定粉料是否符合生产要求。

知识要求

一、粉料的质量评价

通常从含水率、流动性、粒度与颗粒级配、杂质等方面对粉料进行质量评价。

1. 含水率

粉料的含水率对压制成型有很大影响，要根据成型要求来确定粉料的含水率，且成型工序和制粉工序的含水率测量标准要一致。含水率的调节主要依靠对进风温度、柱塞泵压力、废气温度等的控制。

干压粉料的含水率对其流动性、成型压力有较大影响。含水率高的干压粉料，其内摩擦力较小、流动性较好、可塑性较好，对其施加较小的压力就能将其压缩，但干燥收缩率会增大。无论采用干压还是半干压方法，为了保证产品质量合格，在生产中都应严格控制粉料含水率的波动范围，同时保证粉料含水率分布均匀。

2. 流动性

流动性反映了粉料在压制成型时均匀填满模型的能力，决定了它在模型中的填充程度。流动性好的粉料在成型时能较快地填充模型的各个角落，有利于压制过程的顺利进行。

影响粉料流动性的因素主要有颗粒级配、颗粒球形度、颗粒强度等。粉料中细粉过多，会严重影响其流动性。球形和椭球形的粉料颗粒流动性更好。粉料在输送过程中会受到挤压力的作用，如果颗粒强度不够，则会导致颗粒破碎、细粉增多，粉料的流动性就变差。在配方中添加增强剂，可以提高粉料颗粒的强度。在生产时应避免形成空心颗粒，因为空心颗粒容易破碎成小颗粒，影响粉料的流动性。

3. 粒度与颗粒级配

粒度包括粉料的颗粒细度和团粒大小。它们直接影响坯体的致密度、收缩率和强度。团粒是由许多粉料颗粒、水和空气组成的集合体，其大小与坯体的尺寸有关，一般团粒大小在 0.25~2 mm，团粒最大不超过坯体厚度的 1/7。若粉料的颗粒和团粒大中小级配合理，则可实现紧密堆积，这时孔隙率较低，有助于提高坯体的致密度。而使用过粗或过细的粉料都不能得到致密度较高的坯体。

粉料的颗粒形状以接近圆球形为宜，但实际上颗粒并不是圆球形的。颗粒表面粗糙、互相交错咬合，有时会形成拱桥形空间，增大了孔隙率，这种现象称为拱桥效应。细颗粒因其自重小、比表面积大，颗粒之间的附着力较大，堆积在一起时更容易形成拱桥效应。

4. 杂质

在喷雾干燥工序中，热风炉以水煤浆、煤粉、重油等作为燃料，因而会出现结焦现象，在粉料中产生黑色杂质（即黑粒）。因此，要定期检查、清理结焦处。

例如，每 4 h 取喷雾干燥粉料 5 kg，用 120 目（孔径 0.125 mm）筛淘洗，观察其中的情况，根据其中的黑粒数量判断热风炉的工作状况，及时清理热风炉的结焦处。还有一种方法对检测粉料中的煤灰类杂质含量很有帮助，即分别抽取泥浆池中的适量浆料和喷雾干燥后的适量粉料，检测其烧失量。如果喷雾干燥后的粉料烧失量增加，则意味着在喷雾干燥过程中有可燃性杂质混入，需要检查热风炉的燃烧情况。

二、压制成型缺陷与粉料性能之间的关系

陶瓷粉料性能会影响坯体的成型质量。下面从表面质量、压制裂纹这两个方

面来阐述压制成型缺陷与粉料性能之间的关系。

1. 表面质量

坯体表面应平整光洁，无凹坑、无气泡、无斑点、无翘曲变形等缺陷。坯体的表面质量主要由粉料的颗粒细度、颗粒级配以及模型的材质、表面硬度及表面粗糙度等决定。含有适量细颗粒的陶瓷粉料易于填满模型内腔的各个角落，同时有利于改善坯体的表面质量。

2. 压制裂纹

在陶瓷粉料的压制成型过程中，由于颗粒受力后将产生一定的弹性变形和塑性变形，而塑性变形使颗粒出现加工硬化及弹性极限提高等现象，因此，刚成型的坯体就积蓄了一定的弹性应变能。这种弹性应变能在压制成型时施加的力去除后，会以弹性膨胀的形式被释放出来，使坯体内应力在一定程度上得到消除，这就是压制成型坯体的弹性后效作用。从直观角度来讲，弹性后效作用表现为成型后的坯体尺寸略大于模型内腔尺寸，而这也是形成压制裂纹的主要原因。压制裂纹通常潜伏在坯体内部，直到烧成后才暴露出来，严重时表现为可见裂纹。

三、陶瓷产品缺陷与粉料性能之间的关系

以生产墙地砖为例，采用压制成型方法时常因操作不当，以及粉料、钢模、压制设备等因素的影响而产生一些缺陷，有些缺陷在烧成以后才表现出来。下面简要介绍几种陶瓷产品缺陷与粉料性能之间的关系。

1. 尺寸不符合要求

常见的尺寸偏差有偏薄或偏厚，砖坯四角厚薄不一致等。产生原因主要是粉料流动性不好，造成填料不均匀，料层一边厚一边薄或者一边疏松一边紧密，四角料层密度不一致。

2. 裂纹

（1）层裂（夹层）。产生原因主要如下：粉料含水率太高、排气性能不良；粉料含水率太低，坯体强度不好，不足以克服少量残留气体膨胀产生的应力；粉料颗粒级配不好；压制压力过大，残留气体因过分被压缩而膨胀。

（2）硬裂。硬裂是出现在砖坯中部的裂纹。产生原因主要如下：粉料中有大硬块（产生的裂纹呈不规则放射状），含水率分布不均匀，陈腐时间太短。

3. 麻面（粘模）

麻面表现为少量粉料粘在钢模上，砖坯表面凹凸不平。产生原因主要如下：

粉料太湿或干湿不均匀；粉料温度太高；采用喷雾干燥工艺制备粉料时，可溶盐及电解质残留在颗粒表面。

培训单元2　粉料的质量改进与压制成型工艺

1. 能对粉料质量提出改进建议。
2. 了解压制成型方法及其特点。
3. 了解压制成型工艺的影响因素。

一、粉料的质量改进

1. 热风温度与粉料质量的关系

当其他条件不变时，进入喷雾干燥塔的热风温度越高，热风与粉料颗粒表面的温差越大，两者之间的对流交换热量越高，则喷雾干燥塔的干燥蒸发能力越强，粉料含水率越低。但热风温度不宜过高，否则会使粉料表面水分蒸发的速度大于内部水分扩散的速度，在粉料颗粒表面形成一层硬皮，阻碍内部水分向外扩散和蒸发，使粉料的含水率外小内大。一般进塔热风温度不高于500 ℃，且热风温度要保持稳定，否则粉料含水率会出现波动。

热风温度还影响粉料颗粒的形状。热风温度越高，粉料颗粒干燥收缩率越大，颗粒越小。如果热风温度过高，在粉料颗粒表面形成的硬壳就会阻碍其收缩，从而形成空心颗粒，粉料的体积密度随之下降，压制成型坯体的致密度也降低。

2. 热风流速与粉料质量的关系

热风流速越快，粉料与热风之间的对流交换热量越高，喷雾干燥塔的干燥蒸发能力越强，粉料的含水率就越低。但热风流速也不要过快，否则会使粉料颗粒的含水率外小内大。另外，热风流速要稳定，以防止粉料含水率出现波动。

热风流速不同，热交换条件不同，粉料颗粒干燥收缩率也不同，粉料颗粒的大小、形状也就不同。

3. 喷枪的设置与粉料质量的关系

喷枪的设置影响泥浆雾滴的大小，从而影响粉料颗粒的分布。喷枪的设置不同，颗粒的形状也会随之发生变化。喷枪喷嘴的安装角度要正确，以保证泥浆在向上喷出的过程中不粘内壁。喷枪喷嘴容易磨损，应根据其磨损情况及时更换。

4. 泥浆雾化压力与粉料质量的关系

泥浆雾化压力越大，喷出的泥浆雾滴越细，所得粉料越细。雾化压力一般视泥浆的浓度和黏度、喷嘴孔径、产量等而定。在其他参数不变的情况下，若增大雾化压力，则泥浆流速加快，颗粒易于雾化；若减小雾化压力，则泥浆流速变慢，雾化不良，易积料。但雾化压力过大时，喷嘴易磨损，影响粉料粒径。泥浆雾化压力还影响雾滴的分散性和喷出角度，因而影响粉料颗粒的分布。

二、压制成型方法及其特点

压制成型是指利用压力将置于模型内的粉料压至结构紧密，形成具有一定形状和尺寸的坯体的成型方法。根据粉料含水率的不同，压制成型分为干压成型（粉料含水率小于6%）和半干压成型（粉料含水率在6%~14%）。

压制成型坯体含水率低、致密度高、干燥收缩率小，且形状、尺寸准确，因而质量较高。压制成型过程简单、产量大，便于进行机械化大规模生产，尤其适用于具有规则几何形状的扁平状制品的生产。目前，压制成型广泛应用于建筑陶瓷、耐火材料等的生产。

三、压制成型工艺的影响因素

在压制成型工艺中，影响坯体质量的因素主要有成型压力、加压方式、加压速度和次数、模型的设计和加工等。

1. 成型压力

成型压力是影响坯体质量的一个重要因素。只有成型压力大于颗粒的变形抗力、受压空气的阻力、粉料颗粒之间的摩擦力，粉料颗粒才开始移动、变形、互相靠拢，粉料才被压紧而形成坯体。

成型压力不够时，得到的坯体致密度低、强度小、收缩率大，容易出现变形、开裂、尺寸不准确等缺陷。为了使坯体具有较高的致密度和强度，必须对其施加足够大的成型压力。但成型压力过大时，模型内先受压坯料密度大，使后受压坯料中的空气不易排出，残余空气留在成型坯体中形成夹层，成型压力撤消后残余空气膨胀造成坯体开裂。因此，选择适宜的成型压力对压制成型质量至关重要。成型压力取决于坯体的要求和粉料的特性。一般说来，当坯体厚、质量要求高，粉料流动性小、含水率低、颗粒形状复杂时，成型压力宜大一些。

2. 加压方式

加压方式分为单向、双向和多向。

单向加压操作比较简单，但由于压力是从一个方向上施加的，在压力的传递过程中要克服粉料颗粒之间的摩擦力和粉料与模壁之间的摩擦力，因此，坯体会因受压不均匀而导致其结构不均匀。当坯体较厚时，将形成低压区和死角，严重影响坯体的致密度和均一性。

双向加压是指在上、下两个方向都施加压力。双向加压又分为两种情况：一种情况是在两个方向同时加压，这时粉料中的空气易被挤压到模型中部，因而制得的坯体中部密度较小；另一种情况是在两个方向先后加压，这样空气容易排出，坯体密度大且较均匀。双向加压时坯体各部位的致密度相对均匀，缺点是模型结构比较复杂。

另外，在加压过程中常采用真空抽气和振动的方法，这样有利于坯体致密度和均匀性的提高。

3. 加压速度和次数

干压粉料中含有较多空气，在加压过程中，应该有充分的时间让空气排出，因此，加压速度不能太快。最好是从低到高多次加压，达到最大压力后要维持一段时间，让空气有机会排出。一般加压2~3次为宜。

4. 模型的设计和加工

模型是影响干压成型质量的重要因素，模型设计的好坏决定成型质量的好坏。在实际生产中，产品外形不合理往往是因为模型设计不合理，为了不影响成型质量，有时需要对产品的外形做一些修改，即修改模型的设计使其更加合理。一个设计合理的模型，应能便于粉料的填充、移动和脱模，其结构应简单、便于排气，装卸应方便，尽量节约材料。在模型加工中应注意尺寸、配合精度、表面粗糙度等要求，可采用工具钢等加工模型。

职业模块 ③ 管理与培训

内容结构图

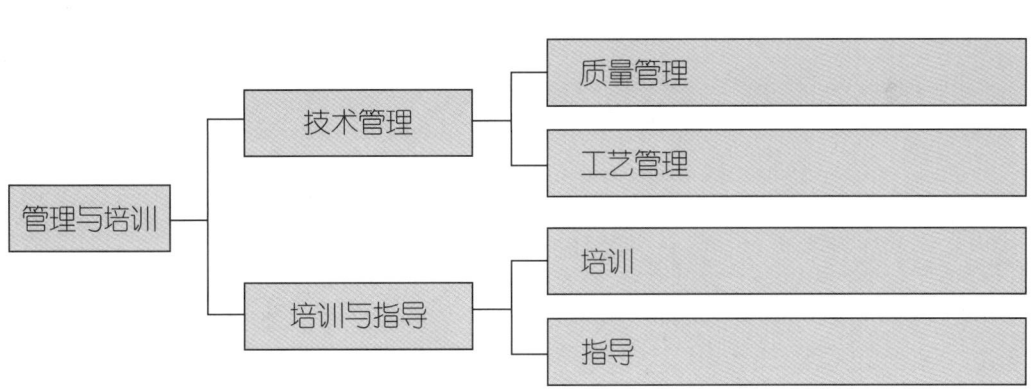

培训项目 1

技术管理

培训单元 1　质量管理

培训重点

1. 能对质量指标体系进行综合分析。
2. 能综合评价各工序的生产质量和产品质量。
3. 能编写质量事故处理报告。

知识要求

一、质量管理相关概念

1. 质量体系

质量体系又称质量管理体系，它是建立质量目标并实现这些目标的一组相互关联、相互作用的要素。质量体系由组织结构、程序、过程、资源四部分组成。组织结构是指在企业管理工作中，为了明确各个职位和部门的设立以及规定其职权范围和相互之间联系方式与协作模式的一种架构形式。程序是指为了完成某项活动所规定的方法。过程是指将输入转化为输出的一组相关的资源和活动，包括产品质量形成过程、测量分析与改进过程、资源管理过程等。资源是指质量体系的硬件，包括人才资源与专业技能、设计和研究设备、制造设备、检验试验设备等。

质量体系按其建立目的的不同可以分为两种。一种是企业根据与需求方签订的合同要求建立的质量体系，即保证产品质量满足合同要求。另一种是企业出于自身需要，为了获取广大用户对产品质量的信任、获得经济利益、赢得市场，而根据市场需求建立的质量体系。

2. 质量控制

在企业中，质量控制活动主要存在于企业内部的生产现场管理中，它与有无合同无关，是指为了达到质量要求和保持质量水平而对技术措施和管理措施等方面进行控制的活动。

3. 质量保证

质量保证是质量管理的一部分，是指为了使人们确信产品或服务能满足质量要求，而在质量管理体系中实施并根据需要进行证实的全部有计划和有系统的活动。质量保证一般适用于有合同的场合，其主要目的是使用户确信产品或服务能满足规定的质量要求。

通过开展质量控制和质量保证活动，能发现质量管理工作中的薄弱环节和问题，进而采取有针对性的质量改进措施并进入新一轮的质量管理循环，从而不断取得质量管理成效。

二、全面质量管理

进行全面质量管理，企业要以质量为中心，全体员工及有关部门要积极参与，把专业技术、经营管理、培训教育结合起来，建立调研、设计、生产（作业）、销售、服务等产品质量形成全过程（质量环）的质量体系，从而有效地利用人力、物力、财力、信息等资源，以最经济的手段生产出顾客满意的产品，这样企业及其全体员工才能有所收益、获得成功与发展。

与传统的质量管理相比，全面质量管理的特点体现为以下几个方面。一是从以事后检验和把关为主转变为以预防为主，即从管结果转变为管因素。二是从过去的就事论事、分散管理，转变为以系统观点为指导进行全面的综合管理，突出以质量为中心，围绕质量来开展企业的各项工作。三是从单纯符合标准转变为满足顾客需要，并强调不断改进过程质量，从而不断改进产品质量。

全面质量管理包括全员、全过程、全企业和多方法的质量管理。

1. 全员的质量管理

产品质量是企业各方面、各部门、各环节全部工作的综合反映。企业生产中任何一个环节、任何一个人的工作质量，都会不同程度地直接或间接影响产品质量。因此，产品质量人人有责，必须把所有企业员工的积极性和创造性充分调动起来，不断提高人的素质，提倡人人关心产品质量和服务质量、人人做好本职工作，最终全员参与质量管理。只有经过全体员工的共同努力，才能生产出顾客满意的产品。要实现全员的质量管理，应当做好以下三个方面的工作。

（1）抓好全员的质量培训工作，加强员工的质量意识，牢固树立"质量第一"的思想，促进员工自觉地参加质量管理的各项活动。同时，不断提高员工的政治素质、管理素质和技术素质，以适应开展全面质量管理的需要。

（2）建立各部门、各级、各类人员的质量责任制，明确任务和职权，各司其职，密切配合，形成一个高效、协调、严密的质量管理工作系统。

（3）开展多种形式的群众性质量管理活动，尤其要开展质量管理小组活动，充分发挥广大员工的聪明才智，充分发扬广大员工的主人翁精神。这是解决质量问题、提高质量管理水平、提升企业竞争力的一种有效办法。

2. 全过程的质量管理

全过程的质量管理包括从市场调研、产品的设计开发与生产（作业），到销售、服务等全部有关过程的质量管理。要想保证产品质量符合要求，不仅要搞好生产（作业）过程的质量管理，还要搞好其他过程的质量管理。要把产品质量形成全过程的各个环节和有关因素控制起来，形成一个综合性质量体系，做到预防为主、防检结合、重在提高。全过程质量管理应遵循的两个原则具体如下。

（1）树立预防为主、不断改进的思想。优良的产品质量是设计和生产制造出来的，而不是事后检验出来的。事后检验面对的是已经既成事实的产品质量。全过程质量管理要求把管理工作的重点，从"事后把关"转移到"事前预防"的过程控制上来，从管结果转变为管因素，实行"预防为主"方针，把不合格品消灭在形成过程之中，做到防患于未然。当然，加强质量检验是必不可少的。为了防止不合格品出厂或流入下道工序，还应及时反馈问题，以防止同类问题再出现、再发生。

（2）树立为用户服务的思想。实行全过程的质量管理，要求在企业各个工作环节中必须树立为用户服务的思想。用户包括企业内部和外部的用户。在企业内部，要树立"下道工序就是用户""努力为下道工序服务"的思想。现代工业生产是一环扣一环的，前道工序的质量会影响后道工序的质量，一道工序出了质量问题会影响整个生产过程以及产品质量。因此，要求每道工序的质量都要经得起下道工序的检验，满足下道工序的要求。只有每道工序在质量上都坚持高标准，为下道工序服务，企业才能目标一致、分工协调地生产出符合要求的产品。

3. 全企业的质量管理

全企业的质量管理可以从以下两个角度来理解。

（1）从组织管理的角度来看，全企业的质量管理要求各管理层次都有明确的质量管理活动内容，且各层次活动的侧重点不同。高层管理侧重于质量决策，如制定企业的质量方针、质量目标、质量政策和质量计划，并统一组织、协调企业各部门、各环节、各类人员的质量管理活动，保证实现企业经营管理的最终目的。中层管理则要贯彻落实领导层的质量决策，运用一定的方法确定各部门的质量管理目标和对策，更好地执行各自的质量职能，并对基层工作进行具体的业务管理。基层管理则要求每位员工严格地按标准、按规程进行生产，在分工合作的同时互相支持、彼此协助，并结合岗位工作特点，提出质量提升合理化建议和质量管理小组活动金点子，不断进行生产（作业）改善。

（2）从质量职能的角度来看，产品质量管理职能是分散在全企业有关部门的，要保证和提高产品质量，就必须充分发挥企业各部门的质量职能。为了有效地进行全面质量管理，必须加强各部门之间的组织协调，从组织上、制度上保证企业生产出符合规定要求、满足顾客期望的产品。

4. 多方法的质量管理

影响产品质量的因素既有物的因素，又有人的因素，还有管理的因素；既有企业内部的因素，又有企业外部的因素。要想把这一系列因素系统地控制起来，全面管好，就必须根据不同情况区别不同的影响因素，灵活运用多种方法来解决质量问题。常用方法具体如下。

（1）尊重客观事实，用事实和数据说话。在质量管理过程中，要坚持实事求是、科学分析，真实的数据既可以定性地反映客观事实，又可以定量地描述客观事实，给人以清晰、明确的数量概念，帮助管理者更好地分析问题、解决问题，纠正过去那种"大概""好像""也许""差不多"的凭感觉、靠经验、"拍脑袋"的工作方法。简单来说，就是用事实和数据说话，树立科学的管理理念，把质量管理建立在科学的基础上。

（2）遵循 PDCA 循环工作程序。PDCA 是指 plan（计划）、do（执行）、check（检查）和 action（处理）。PDCA 循环又称管理循环，是指按照上述顺序进行质量管理，并且循环不止地进行下去的程序。全面质量管理活动离不开管理循环的运作。提高产品质量或减少不合格品，首先要提出目标，如将产品质量提高到什么程度、不合格品率降低到多少，这些都要有个计划。计划不仅包括目标，而且包括实现这个目标需要采取的措施。在制订计划之后要执行计划，重点围绕两个方面，一方面判断是否达到预期目标，另一方面找出存在的问题并分析原因。最后要进行总结，总结经验和教训并制定标准、形成制度。

（3）广泛运用科学技术新成果。全面质量管理是现代科学技术和现代化生产发展的产物，所以应在管理过程中广泛运用科学技术新成果。

三、陶瓷原料准备质量控制点

陶瓷原料准备质量控制点见表3-1。

表3-1 陶瓷原料准备质量控制点

序号	控制环节	质量控制点
1	原料入库	原料的外观状态、含水率等；原料的化学组成、矿物组成、颗粒组成；原料的收缩率、烧失量、烧后性状、杂质含量等
2	原料加工	原料的洗涤质量、淘洗质量、粗碎细度、煅烧温度等
3	泥浆球磨	坯料配方；球磨时间、加水量、研磨体性状、研磨体加入量、球磨机装载量、解胶剂种类及加入量；出磨泥浆筛余量、泥浆黏度、泥浆密度、泥浆含水率、泥浆触变性、泥浆悬浮性等
4	可塑坯料制备	泥浆搅拌均匀性；压滤时泥浆温度、压滤时间、压力大小与加压方式、泥饼含水率；陈腐的温度、湿度、时间；练泥真空度、加泥速度、脱气时间、练泥次数；所得可塑坯料的可塑性、含水率、空气含量、组织均匀性、细度与颗粒分布等
5	注浆坯料制备	泥浆的筛余量、黏度、密度、含水率、触变性、悬浮性以及吃浆速度等
6	压制坯料制备	泥浆温度、柱塞泵压力；喷雾干燥塔进风温度、进风流量、排风温度；所得压制坯料的含水率、流动性、颗粒分布、颗粒形状等
7	釉料制备	釉料配方；熔块的化学组成、熔融程度、熔融后表面张力；釉料球磨时间、加水量、研磨体性状、添加剂性状；釉浆的细度、密度、流动性、悬浮性等
8	颜料制备	颜料配方；原料的纯度、细度、含水率；生料混合均匀性；煅烧温度、煅烧气氛、保温时间；颜料成品细度、混合均匀性；颜料的呈色能力、耐酸碱性、铅镉溶出量等

四、质量事故处理报告的编写

质量事故的调查分析工作应做到"四不放过"，即事故原因不清不放过、事故责任人没处理不放过、全体人员没有吸取教训不放过、没有总结经验和采取防范措施不放过。在质量事故发生后，应及时进行调查分析，做好记录，吸取教训，防止同类事故再次发生。质量事故处理报告通常包括质量问题检查报告、产品质量状况分析报告等。

1. 质量问题检查报告的内容

（1）质量问题的描述。一般描述发生质量异常的产品编号、型号、规格、数量、抽检批次、生产线责任人等。

（2）产生质量问题的原因。针对质量问题可能产生的原因，从质量控制的各环节、各要素出发进行分析，如为什么会发生这样的质量问题，是人为操作问题还是设计缺陷，是材料问题还是操作失控。将原因分析透彻，是避免再次发生同样问题的基础。

（3）临时的处理方案。例如，是否对在生产半成品做返工处理；是否对相同生产批次的库存产品进行拆箱检查；发到用户处的产品是否存在同样问题，是否需要返工；如果是设计问题，是否需要由研发部门对产品进行设计改进；是否对相关责任人进行处罚。

（4）解决方案。为了防止再发生同样的问题，必须制定解决此次质量问题的方案，可以从配方、工艺指标、操作规范文件等方面提出改进措施和预防纠正措施。如果是人为误操作导致的严重问题，则必须对相关责任人进行处罚。

（5）跟踪解决方案执行进度。监督相关责任部门是否按时进行整改，整改措施是否有效，处罚是否公平、公正。

在编写质量问题检查报告时，最重要的是收集数据。收集数据的方法可以是拍摄有质量问题的产品照片，填写统计报表、抽样检查表等，记录日常检验情况等。建议形成能清晰显示内容的相关图表。

2. 产品质量状况分析报告

产品质量状况分析报告的编写目的是提高质量检验工作的针对性、有效性和前瞻性，更好地为决策管理提供参考。产品质量状况分析报告应具有文字简明扼要、分析切中要害、结论准确明了、建议切实可行、案例典型鲜明的特点。一般运用统计分析工具完成产品质量状况分析报告，要求是图文并茂。

产品质量状况分析报告一般由引言和正文两部分构成。引言简要阐述报告周期内企业宏观经济情况、产品质量总体状况，并做出趋势判断。正文内容主要包括质量安全状况、主要问题及原因分析、采取的工作措施和成效、质量安全隐患和预警分析、下一步措施和建议等。

（1）质量安全状况。对于质量安全状况，企业应根据自身业务范围，主要从产品质量监督、生产加工过程监管、设备安全监管、质量检验、质量基础工作等方面进行分析。产品质量监督分析的主要内容是监督检查情况。生产加工过程监管分析的主要内容包括原材料质量控制分析、生产过程关键工艺参数控制分析等。设备安全监管分析的主要内容包括设备事故和人员伤亡情况分析、特种设备专项整治情况分析等。质量检验分析的主要内容包括检验情况分析、主要质量指标变化情况分析等。质量基础工作分析的主要内容包括标准管理工作分析、标准制修订和备案情况分析等。

（2）主要问题及原因分析。主要对监督检查不合格情况、设备安全隐患、典型案例等进行分析。对于监督检查不合格情况，应从产品种类和涉及的质量安全问题等方面进行分析。对于设备安全隐患，应从设备的安装、使用、维护等方面进行分析。对于典型案例，应从基本情况、采取的措施及处理结果等方面进行分析。

（3）采取的工作措施和成效。主要从解决问题所采取的措施和取得的成效等方面进行描述。

（4）质量安全隐患和预警分析。主要针对已发现的产品质量问题，预测区域性或行业性质量隐患。

（5）下一步措施和建议。主要是提出改进质量管理和监管工作的措施和建议。

培训单元2　工　艺　管　理

1. 能编写工艺文件及编制作业指导卡。
2. 能编写管理文件及制定质量控制标准。

一、工艺文件的编写

工艺文件是指导生产操作，编制生产计划、调动劳动组织、安排物资供应以及进行技术检验、工装设计与制造、工具管理、经济核算等的依据。工艺文件应能切实指导生产，保证生产稳定进行。工艺文件的编写应符合以下要求。

（1）工艺文件既要具有经济上的合理性和技术上的先进性，又要具有适应性，即通盘考虑企业的实际情况。

（2）工艺文件必须严格遵循设计文件的内容，应尽量体现设计意图，最大限度地反映设计质量。工艺文件的名称、编号、符号等，应与设计文件一致。

（3）工艺文件的内容应完整、正确，表达应简洁明了，结构应清晰，用词应规范、严谨。推荐采用图表丰富工艺文件的表达形式。要做到无须口头解释，根据工艺规程就可以执行工艺活动。工艺文件的填写内容要明确，保证字迹清楚、页面整洁。

（4）工艺文件要体现质量观念，对影响产品质量的关键点及薄弱环节应重点说明。

（5）工艺文件要尽量提高工艺规程的通用性。

（6）工艺文件要有统一的格式，且格式应符合有关规定。应将工艺文件装订成册。

（7）工艺文件的内容应具有较大的灵活性及适应性，当某部分内容发生变化时，需要重新编制的部分应能被压缩到最少。

（8）编写工艺文件要执行审核、会签、批准的流程。

二、管理文件的编写

1. 编写总要求

管理文件的编写应符合管理"三化"总要求，即标准化、程序化、格式化。

（1）标准化。标准化是指将企业的各项管理工作进行归纳和提炼，形成若干中心管理过程，并对这些过程进行定性描述，规定其控制环节和总要求。"标准"即"过程"应达到的"水平"。

（2）程序化。程序化是指对标准化后的各项过程通过规定一定的程序和规范来实现其要求，从而使企业的各项管理工作有章可循的过程。要求规定某一具体控制环节的工作如何去做，对于一些关键步骤必须编制详细的作业指导卡，使具体的工作程序化。

（3）格式化。格式化是指对管理工作进行流程图化和表格化，使管理工作按流程图控制、按表格流动。流程图化是指尽量以流程图的形式说明各项管理工作的控制过程及要求。表格化是指尽量以表格的形式来规定和记录各项管理工作的流程和内容。

2. 命名要求

（1）管理标准。各管理标准均以相应管理过程的名称来命名。

（2）程序文件。程序文件以"××××控制程序""××××管理程序"等形式来命名，其中，"××××"代表相应的控制或管理内容、活动。

（3）支持性文件。支持性文件一般以"××××管理制度""××××规定""××××实施细则"等形式来命名。

（4）工作记录表。工作记录表是管理文件的一部分，它以样表的形式附在最后。各部门如需使用相关工作记录表，应严格按样表规定的格式和内容要求填写，但不拘泥于样表及其各单元格的具体大小。工作记录表一般采用A4纸设计。

3. 内容要求

管理文件的主要内容包括目的、范围、职责、原则、要求、相关文件等。

（1）目的。即描述该管理过程的控制目的。

（2）范围。即描述该管理过程的主要控制环节、内容及所适用的场合。

（3）职责。即描述该管理过程所涉及的各部门、各岗位的职责。

（4）原则。即描述执行该管理过程应遵循的整体指导思想。

（5）要求。即对该管理过程的中心环节及其应达到的状态进行描述。

（6）相关文件。包括该管理过程所涉及的外部文件、内部管理程序文件、管理制度等。

三、作业指导卡的编制

陶瓷生产企业的作业指导卡主要包含以下内容：作业名称、作业目的、适用范围、作业职责、作业步骤、关键指标及控制要求等。某陶瓷生产企业作业指导卡见表3-2。作业指导卡编制完毕，应经过审核和批准后予以执行。

表3-2　某陶瓷生产企业作业指导卡

作业名称				作业编号	
版次/修改次	/	页次	第 页/共 页	日期	
作业目的					
适用范围					
作业职责					
作业步骤					
关键指标及控制要求					
编写		审核		批准	

作业名称：通常为作业岗位的名称或作业岗位的主要工作名称。

作业目的：完成的主要工作与工作的主要要求。

适用范围：时间范围、区域范围或行政管理范围。

作业职责：包括劳动保护、安全生产等作业要求，以及工具与设备的操作、维护、巡检、保养等要求。

作业步骤：操作准备、操作过程、交接班要求等。

关键指标及控制要求：包括生产控制内容、主要工艺参数控制要求等。

四、质量控制标准的制定

陶瓷生产企业的质量控制标准主要包括原料入库质量标准、原料加工质量标准、泥料球磨质量标准、可塑坯料制备质量标准、注浆坯料制备质量标准、压制坯料制备质量标准、釉料质量标准、颜料质量标准等。

某陶瓷生产企业的部分质量控制标准见表 3-3 至表 3-5。

表 3-3　某陶瓷生产企业原料入库质量标准

标准名称	原料入库质量标准			标准编号	
版次/修改次	/	页次	第 页/共 页	日期	
受控项目	化学组成、含水率、烧成收缩率、烧失量、吸水率、干燥抗折强度				
原料名称	化学组成	含水率	烧成收缩率	烧失量	吸水率	干燥抗折强度
编写		审核		批准	

表 3-4　某陶瓷生产企业可塑坯料制备质量标准

标准名称	可塑坯料制备质量标准			标准编号	
版次/修改次	/	页次	第 页/共 页	日期	
受控项目	配料、球磨、过筛、除铁、压滤、陈腐、练泥、泥料要求、泥条堆放、回收泥处理				
配料	配料时要按配方准确称量，配方中用量比例小于 10% 的原料允许误差在 1~2 kg，用量比例大于 10% 的原料允许误差在 2~5 kg				
球磨	1. 料：球：水 =1：(1.6~1.8)：(1~1.2) 2. 研磨体尺寸大小在 8~10 cm 3. 细度要求是 250 目筛筛余量在 0.3% 以下（特殊要求按配方单执行）				

续表

过筛	第一次过160目（孔径0.098 mm）筛，第二次过180目筛，振动频率为2 000~2 800次/min
除铁	逆流式除铁两次，除铁器藕片每30 min清洗一次，每组藕片不少于20块，除铁器电流在10 A以上，平均流量为2 t/h
压滤	压滤机最大工作压力为30 MPa，泥饼含水率为23%~24%
陈腐	粗练泥料在泥库中的陈腐期至少为一个星期
练泥	粗练时真空度应大于0.09 MPa，细练时真空度应大于0.096 MPa。练好的泥条外表光滑、外形整齐，表面无裂纹。练泥结束在泥条上加盖湿布，防止泥条被污染
泥料要求	泥料的含水率根据不同配方、不同成型要求而定
泥条堆放	直径在10 in（25.4 cm）以上产品用泥条每车堆放4层以下，直径在7~9 in（17.78~22.86 cm）产品用泥条每车堆放6层以下，杯碟用泥条每车堆放8层以下，各层泥条用湿布隔开
回收泥处理	与生产原料一并入磨进行球磨，再过筛、除铁
编写	审核　　　　　　　　　　批准

表3-5　某陶瓷生产企业釉料制备质量标准

标准名称	釉料制备质量标准			标准编号	
版次/修改次	/	页次	第　页/共　页	日期	
受控项目	原料加工、配料、球磨、过筛、除铁、釉料要求				
原料加工	1. 滑石经1 200 ℃以上温度煅烧 2. 入轮碾机的石块大小不超过5 cm，入球磨机的矿石料过8目（孔径2.5 mm）以上筛				
配料	1. 配料时，配方中用量比例小于10%的原料允许误差在0.2~0.5 kg，用量比例大于10%的原料允许误差在1~2 kg 2. 含有水分的原料必须经过物检室测定含水率并折算干料后方能配料 3. 料：球：水=1：(1.5~2)：(0.5~0.6) 4. 研磨体直径在50~70 mm的占70%，在70~100 mm的占30%				
球磨	1. 研磨体质量标准：表面光滑、无裂纹和断口，带有轻微的青色或黄色 2. 研磨体横向直径在30~100 mm 3. 细度要求250目筛筛余量在1%以下（特殊要求按配方单执行） 4. 每6个月将球磨机内研磨体全部取出、更换，若发现球磨时间过长则应及时检查研磨体情况				
过筛	将釉浆进行二次过筛，第一次过180目筛，第二次过200目筛				
除铁	除铁两次，除铁器藕片每30 min清洗一次				
釉料要求	釉浆含水率在34%~36%，釉浆细度满足要求				
编写	审核　　　　　　　　　　批准				

培训项目 2 培训与指导

培训单元1 培训

培训重点

1. 能制订培训计划。
2. 能编写培训大纲。
3. 能编写培训教材。
4. 能对从业人员进行理论知识的培训。

一、培训计划的制订

培训计划是根据培训需求和培训目标制订的培训工作具体安排,是组织培训教学的重要依据。

1. 培训计划的制订方法

(1) 分析培训需求。在对员工进行培训之前,分析培训需求是设计培训项目的基础。培训需求分析包括组织分析、工作分析和人员分析三个方面。组织分析的目的是确定员工在整个组织范围内的培训需求,一般从组织目标和组织战略出发,分析人力资源开发的需求。工作分析的目的是确定培训内容,即让员工达到令人满意的工作绩效所必须掌握的内容,如工作态度、专业知识、专业技能等。

人员分析的目的是明确每位员工完成工作任务的优势和劣势。实际工作绩效与理想工作绩效之间的差距可通过培训来弥补、缩小。

（2）设置培训目标。培训目标是宏观、抽象、可操作的，需要不断地分层次细化、具体化。培训目标的设置来源于培训需求分析，设立了培训目标就能确定培训对象、培训内容等具体事宜，也可以在培训完成后对培训目标进行有效性评估。

（3）细化培训内容。培训的基本内容包括培训要求、培训课程、培训时间、培训方法、培训资源等。

（4）实施培训准备。培训准备一般包括培训教材准备、培训材料（教具）准备、培训课程安排、培训教师选择等工作。

2. 培训计划的制订要求

（1）培训目标应明确。只有明确培训目标，才能科学地设计培训计划的其他部分。

（2）培训方法应灵活。可以采用讲授法、视听技术法、讨论法、案例研讨法、自学法、网络培训法等。各种培训方法都有其优缺点，在一次培训中往往灵活结合使用两到三种培训方法。

（3）培训课程应符合需求。培训课程一般包括三个层面，即知识层面、技能层面和素质层面。知识课程是培训的外显层次，可以帮助学员认识、理解及掌握陶瓷原料基本知识与概念，增强对陶瓷生产工作的适应能力，如提高对新技术、新设备、新工艺的适应能力。技能课程是培训的中间层次，主要培养学员的实际操作能力。素质课程是培训的核心层次，主要帮助学员树立正确的人生观和价值观，提高学员的职业道德素养。

二、培训大纲的编写

培训大纲是根据培训计划细化的培训目标、培训内容、培训时间、培训考核等，是以纲要的形式规定的指导性文件。学员通过阅读培训大纲能了解培训情况，同时能根据培训进度合理制订学习计划。

培训大纲的基本信息包括培训目标、课程设置、培训形式、培训时间等。这些信息应当简洁、全面，无须做过多描述，以便学员准确无误地了解课程的基本概况。

1. 培训目标

培训目标要体现培训形式及培训目的。通过培训，学员应能掌握某一级别对应的知识或技能要求。培训目标也是编写培训大纲的主要依据。培训目标又称学习成果，应直截了当、清楚地阐述学员通过课程学习可以掌握的知识或具备的技能。

2. 课程设置

课程设置是确定培训内容、建立合理的培训课程体系的核心，也是培训大纲的实质性内容。认识和掌握各门课程的地位、作用、知识体系及技能要求，是编写培训大纲的前提条件。培训大纲的核心应该是课程组合及课程内容。

3. 培训形式

培训形式是指如何进行培训活动。在企业培训中，培训形式常受到师资、培训教材等因素的影响。

4. 培训时间

为了便于学员安排自己的学习计划以及避免学员忘记或错过任何重要的课程安排，在培训大纲中应标明所有重要事件的发生时间，如可以按每周设置哪些课程进行编排，也可以按各个培训模块占据的时间段进行编排。

三、培训教材的编写

1. 培训教材的编写原则

要想保证企业培训取得预期效果，一套针对性、目的性、可行性较强的教材是必不可少的。在编写教材时需要遵循精、简、全和新的原则。

（1）精。根据教学目的、需求，结合现场条件选择切实可行的教学项目。

（2）简。教材内容要简明扼要、精练，并在精的前提下突出重点。教材的重点部分应是现场实际操作培训的具体操作步骤和注意事项等。

（3）全。教材内容要全面，包含目的、方法、要求等，有具体的操作步骤和注意事项，使学员能在实际操作培训中尽可能多地体会和理解理论课程的有关内容，做到融会贯通。

（4）新。教材内容要新、方法要新、技术要新，可以借鉴生产、科研工作中发现的新情况、新问题和总结出的经验来编写教材。

2. 培训教材的编写要求

企业培训的针对性较强，目的是让员工更好地适应岗位工作，提高技术水平、工作能力，获得进一步成长，能够胜任难度更大的工作；或者向员工灌输企业的价值观，培养其良好的行为规范，使其能够自觉地按标准规范进行作业，营造良好、融洽的工作氛围。培训教材的编写要求具体如下。

（1）专项性。企业员工的主要工作是生产劳动，一般每次参加培训的时间不会太长，且多接受专题性培训。这就要求所用教材应符合培训要求，因而编写培训教材时应按培训项目要求来进行，即专门针对各个培训项目来编写。

（2）通用性。参加培训的学员可能来自不同的部门、不同的工作岗位，这就要求所用教材应能在各个部门相同或者相近的岗位培训中使用，即培训教材要具有一定的通用性。

（3）适用性。培训教材应适合当前的培训需求，能够提高员工的工作效率、技能水平，而且要有一定的前瞻性，这样员工参加培训后能够适应当前的工作岗位并在未来工作中有所受益。

（4）可读性。参加企业培训的学员很多是一线工作人员，这就要求培训教材应具有可读性，如避免内容技术性太强、太深奥，建议采用通俗易懂的文字来进行解释。

3. 培训教材的编写流程

若想编写合适的培训教材，编者应掌握一定的专业技能，熟悉企业的生产流程，了解企业员工的基本情况。培训教材的编写流程具体如下。

（1）了解培训需求。了解员工的工作内容，了解生产设备的使用维护情况；了解企业对员工的要求，如员工胜任工作所必备的技能，员工本人以及企业的培训需求。在了解培训需求之后，应收集相关的培训材料。

（2）确定培训内容。在深入了解员工培训需求的基础上，选择和确定培训内容。培训内容应来自编者所熟悉的领域或者编者经过研究、学习能掌握的领域。所确定的培训内容应切合实际，以确保员工在掌握培训内容后其工作能力有所提升。

（3）编写培训提纲。将培训内容进行分解，确定培训顺序、结构，将大的培训内容分解成若干小点。例如，将知识性内容分解成培训模块、培训项目、培训单元，将技能类内容分解成具体任务。每次培训完成一个培训单元或者一个任务。培训提纲应包含分解的内容小项、分配的培训课时。

（4）引入典型案例。在培训教材的每个培训单元中，可以引入本企业的典型案例，使参加培训的学员更容易理解培训内容，更容易将在培训中学到的知识、技能应用到实际的工作岗位中。这样培训就更贴近实际工作，能够达到学以致用的目的。

（5）编写培训教材。在确定培训内容、编写培训提纲、引入典型案例后，便可以按照培训提纲进行培训教材的编写。在编写过程中，对于技能类内容，应尽可能将操作细节详细列出，并对相关易错点及关键点着重说明。

培训单元2 指 导

1. 能对从业人员进行操作技能的现场指导。
2. 能对职业技能评价进行技术指导。

一、现场指导的准备

现场指导是指在生产岗位、劳动现场等针对操作技能进行的指导。现场指导应切合实际，将理论与实践相结合，按需施教、因人施教。现场指导的项目内容具有很强的针对性，具体应依据国家职业（技能）标准，同时结合学员的具体情况确定。

实施现场指导前，教师应做好相关准备。应根据项目内容和指导要求制订指导计划，确定指导方法、步骤，准备教材和课件、场地、设备、工具、物料等。例如，现场指导所用课件的文字要通俗易懂，尽可能采用直观、明了的图示法展示操作技能的步骤和方法，多讲操作技巧。要充分考虑课件内容的实用性，理论知识对操作实践的指导性，以及现场的可操作性。

现场指导准备的目标是保证指导效果和质量，提高教学效率。如果准备工作做得比较周全，就能为教学任务的圆满完成创造条件；如果准备工作做得不扎实、有欠缺，就难以实现教学目标。因此，在现场指导开始实施之前，需要做大量的准备工作，具体如下。

1. 操作指导书准备

操作指导书的主要内容包括操作目的、知识要点、设备和工具准备、操作过程、操作结果评价等。

（1）操作目的。告知学员通过本项操作需要达到什么目的，引导学员分析项目内容，分解其中的知识目标、技能目标，让学员通过实际操作掌握专业技能。

（2）知识要点。告知学员与本项操作相关的知识点。

（3）设备和工具准备。告知学员本项操作所需的设备和工具，以及设备和工具的正确使用方法。

（4）操作过程。告知学员本项操作的分工与组织安排、步骤和方法。

（5）操作结果评价。告知学员操作结果记录要点、评价要求等。

2. 设备、工具和物料准备

准备实际操作中常用的设备、工具、物料等，是保证教学能够顺利进行的必要条件，要重点落实"细"和"全"。如果在教学过程中发现设备、工具和物料不够、不全，则会影响正常教学。同时，设备、工具和物料的准备要本着准确和节俭的原则，避免浪费。

3. 相关知识准备

现场指导要求教师具备扎实的基础理论知识，以及与本职业有联系、与实际操作内容有关的工艺、材料、设备知识等。在进行现场指导的时候，应以学员为主，让学员自己思考、自己操作。当学员遇到问题的时候，教师应在第一时间帮助解决。

4. 教学现场准备

教师应在对教学现场总体情况进行全面了解的基础上，结合教学具体要求，选择典型的操作项目，保证教学能够在规定的时间内有效完成。此外，教师还要关注和消除教学现场存在的不安全因素，对意外情况要有相应的处理预案。

 **相关链接**

> 现场指导可以灵活选用实训（练习）法、参观法、演示法、案例教学法、实物示教法等教学方法。

实训（练习）法是指学员在教师的指导下巩固知识、运用知识、掌握技能技巧的方法。通过实训（练习），学员应能掌握操作技能。参观法是指教师组织或指导学员进行实地观察、调查、研究和学习，使学员获得新知识或巩固已学知识的方法。演示法是指在教学过程中，教师通过示范操作和讲解使学员获得知识、技能的方法。在教学中，教师应对操作内容进行现场演示，边操作边讲解，强调操作的关键步骤和注意事项，让学员边学边做，理论与技能并重，加强师生互动，提高学员的学习兴趣和学习效率。案例教学法是指通过对案例进行分析，提出问题、分析问题，并找到解决问题的途径和手段，培养学员分析问题、解决问题的能力。实物示教法是指教师通过亲自对实物进行操作演示或对学员的操作演示进行评价，实现对学员操作技能掌握情况的检查与纠正的方法。一般需要教师演示正确的操作方法。

二、现场指导的实施

1. 安全操作注意事项

教师和学员进入现场需要穿戴个人防护用品，如工作服、安全帽、手套、安全鞋等。现场应设有防护栏或警示牌。教师要提醒学员，不要私自动用不属于自己负责的设备和工具等，以免发生危险。

2. 现场实际操作示范

在教师讲授设备和工具的结构、操作方法、故障排除方法等内容时，应做好示范操作，或借助视频、动画等方式开展教学，启发学员思考，激发学员学习的积极性和主动性，提高教学趣味性。

教师应边讲解边示范，按规范要求进行正确操作，而学员要认真观察、思考。在现场指导过程中，教师的操作应是规范的，同时教师应督促学员规范操作，避免出现安全事故。教师在示范过程中应把有关注意事项和重点讲解清楚，使学员真正理解并掌握，为自行操作练习打好基础。

3. 学员操作练习

学员进行操作练习时，教师需要在旁边做好安全指导。在学员初次操作时，教师应叮嘱其不要追求速度，按照演示步骤按部就班进行。

教师应对学员的操作练习进行点评，并有针对性地纠错，实行个别辅导，提出解决措施。对于大多数学员都出现的典型问题，教师应集中讲解、分析原因，必要时可以重新示范，使学员在以后的练习中避免类似问题的产生。可以让学员互相点评，使其自行发现问题并尝试改正，从而提高其操作技能水平。

学员的接受能力不同，对技能掌握的程度会有差异，所以教师在教学中要因人而异。教师要多关心基础差、反应慢的学员，对其耐心指导，鼓励其反复练习；而对于能力强、反应快的学员，教师可以按需增加相关练习内容。

4. 操作记录

学员需要记录操作关键点和注意事项、现象（正常或异常）、数据或结果等。要求记录时不能带有主观想法，应如实、客观、详细、准确地记录。

三、职业技能评价

1. 国家职业（技能）标准

国家职业（技能）标准是指在职业分类的基础上，根据职业活动内容，对从事本职业应具备的知识和技能要求提出的综合性水平规定。它是开展职业教育培训和技能人才评价的基本依据。国家职业（技能）标准内容主要包括职业概况、基本要求、工作要求和权重表四部分，其中，工作要求是国家职业（技能）标准的核心部分。

职业概况是对职业基本情况的描述，包括职业名称、职业编码、职业定义、职业技能等级、职业环境条件、职业能力特征、普通受教育程度、职业培训要求、职业技能评价[①]要求9项内容。

基本要求包括职业道德和基础知识。其中，职业道德是指从业人员在职业活动中应遵循的基本观念、意识、品质和行为的要求，主要包括职业道德基本知识、职业守则两部分；基础知识是指从业人员在职业活动中应掌握的通用基本理论、安全、职业健康、环境保护、数字素养和有关法律法规等知识。

工作要求是在分析、细化职业活动的基础上，对从业人员完成职业具体工作所应具备的技能要求和相关知识要求做出的描述。工作要求包括职业功能、工作内容、技能要求、相关知识要求4项内容。

2. 职业技能评价要求

除了申报条件，陶瓷原料准备工职业技能评价要求还有以下内容。

---

① 含职业技能鉴定和职业技能等级认定，相关法律法规另有规定的，从其规定。

（1）评价方式：分为理论知识考试、操作技能考核以及综合评审。理论知识考试采用笔试、机考等方式为主，主要考核从业人员从事本职业应掌握的基本要求和相关知识要求；操作技能考核主要采用现场操作、模拟操作等方式进行，主要考核从业人员从事本职业应具备的技能水平；综合评审主要针对二级/技师和一级/高级技师，通常采取审阅申报材料、答辩等方式进行全面评议和审查。理论知识考试、操作技能考核和综合评审均实行百分制，成绩皆达60分（含）以上为合格。

（2）监考人员、考评人员与考生配比：理论知识考试中的监考人员与考生配比不低于1∶15，且每个考场不少于2名监考人员；操作技能考核中的考评人员与考生配比不低于1∶5，且考评人员为3人（含）以上单数；综合评审委员为3人（含）以上单数。

（3）评价时长：理论知识考试时间不少于90 min；操作技能考核时间，五级/初级工、四级/中级工、三级/高级工不少于60 min，二级/技师、一级/高级技师不少于90 min；综合评审时间不少于30 min。

（4）评价场所设备：理论知识考试在标准教室进行；操作技能考核应在具有破碎、球磨、干燥、输送等设备和专用工具，通风条件良好、光线充足、安全措施完善的实训室或生产车间进行。

附表

《陶瓷原料准备工（二级 一级）》内容结构表

职业模块	培训项目	培训单元	培训内容	等级说明
料制备	配料	配料的异常与调整	一、配料异常问题的类型	二
			二、配方调整的原则与适用情况	二
		陶瓷坯料配方设计	一、陶瓷坯料配方设计的原则与步骤	一
			二、陶瓷坯料的类型	一
			三、陶瓷坯料配方计算方法	一
			四、陶瓷坯料配方的开发与试验	一
			技能要求：陶瓷坯料配方的开发	一
		陶瓷釉料配方设计	一、陶瓷釉料配方设计的原则与方法	一
			二、陶瓷釉料配方的类型	一
			三、陶瓷釉料配方计算方法	一
			四、陶瓷釉料配方的开发与试验	一
			技能要求：陶瓷釉料配方的开发	一
		陶瓷颜料配方设计	一、陶瓷颜料配方设计的原则与方法	一
			二、陶瓷颜料的类型	一
			技能要求：陶瓷颜料配方的开发	一
	粉碎、过筛、除铁和搅拌	助磨剂与电解质	一、助磨剂	二
			二、电解质	二
		粉碎	一、原料粉碎工艺的设计与控制	一
			二、影响球磨机研磨效率的因素	二
			三、原料细碎过程中常见问题的分析与解决	一
			四、颚式破碎机的维护保养及故障处理	二
			五、轮碾机的维护保养及故障处理	二
			六、球磨机的维护保养及故障处理	二
		过筛、除铁和搅拌	一、泥浆制备工艺的设计与控制	一
			二、泥浆性能的调整	一
			三、过筛设备的维护保养及故障处理	二
			四、除铁设备的维护保养及故障处理	二
			五、搅拌设备的维护保养及故障处理	二

续表

职业模块	培训项目	培训单元	培训内容	等级说明
料制备	坯料的压滤与练泥（A）	泥浆压滤	一、压滤工艺的设计与控制	一
			二、影响压滤效率的因素	一
			三、隔膜泵的维护保养及故障处理	二
			四、压滤机的维护保养及故障处理	二
		练泥	一、影响练泥质量的因素	一
			二、泥料工艺性能的控制与调整	一
			三、练泥工艺的设计与控制	一
			四、真空练泥机的维护保养及故障处理	二
			五、真空泵的维护保养及故障处理	二
	颜料煅烧与煅烧后处理（B）	设备的维护保养及故障处理	一、锥形混合机的维护保养及故障处理	二
			二、V形混合机的维护保养及故障处理	二
			三、梭式窑的维护保养及故障处理	二
			四、超微粉碎机的维护保养及故障处理	二
			五、犁刀混合机的维护保养及故障处理	二
		影响颜料质量的因素	一、着色原料与着色	一
			二、影响颜料质量的因素	一
			三、陶瓷颜料缺陷的产生原因及解决办法	一
	粉料的制备与存储（C）	粉料制备	一、喷雾干燥工艺的设计与控制	一
			二、影响干粉性能和干燥效率的主要因素	一
			三、粉料质量的调整与优化	一
			四、喷雾干燥工艺常见技术问题	一
			五、柱塞泵的维护保养及故障处理	二
			六、热风炉的维护保养及故障处理	二
			七、喷雾干燥塔的维护保养及故障处理	二
		粉料存储	一、粉料入仓	一
			二、斗式提升机的维护保养及故障处理	二
			三、带式输送机的维护保养及故障处理	二

附表 《陶瓷原料准备工（二级 一级）》内容结构表

续表

职业模块	培训项目	培训单元	培训内容	等级说明
料检测	泥釉浆料性能检测	泥釉浆料性能的综合评价	一、泥浆的质量评价	二
			二、釉浆的质量评价	二
			三、注浆成型及其对泥浆的要求	一
			四、注浆成型缺陷与泥浆性能的关系	一
			五、施釉方法及其特点	一
			六、施釉缺陷与釉浆性能的关系	一
		泥釉浆质量的改进与提高	一、泥浆的质量改进	一
			二、釉浆的质量改进	一
			三、熔块的质量改进	一
	可塑坯料性能检测（A）	可塑坯料性能的综合评价	一、可塑坯料的质量评价	二
			二、成型缺陷与可塑坯料性能之间的关系	二
			三、陶瓷产品缺陷与可塑坯料性能之间的关系	二
		可塑坯料质量的改进与提高	一、可塑坯料的质量改进	一
			二、可塑成型方法及其特点	一
			三、可塑成型工艺对可塑坯料的要求	一
	颜料性能检测（B）	颜料性能的综合评价	一、颜料的质量要求	二
			二、颜料的质量评价指标	二
			三、陶瓷颜料的颜色调配	二
		颜料质量的改进与提高	一、颜料质量的改进	一
			二、颜料质量缺陷的种类及解决办法	一
			三、釉上彩、釉下彩、釉中彩颜料的应用	一
	粉料性能检测（C）	粉料性能的综合评价	一、粉料的质量评价	二
			二、压制成型缺陷与粉料性能之间的关系	二
			三、陶瓷产品缺陷与粉料性能之间的关系	二
		粉料的质量改进与压制成型工艺	一、粉料的质量改进	一
			二、压制成型方法及其特点	一
			三、压制成型工艺的影响因素	一
管理与培训	技术管理	质量管理	一、质量管理相关概念	二
			二、全面质量管理	二
			三、陶瓷原料准备质量控制点	二
			四、质量事故处理报告的编写	二

续表

职业模块	培训项目	培训单元	培训内容	等级说明
管理与培训	技术管理	工艺管理	一、工艺文件的编写	一
			二、管理文件的编写	一
			三、作业指导卡的编制	一
			四、质量控制标准的制定	一
	培训与指导	培训	一、培训计划的制订	二
			二、培训大纲的编写	二
			三、培训教材的编写	一
		指导	一、现场指导的准备	二
			二、现场指导的实施	二
			三、职业技能评价	一

注：根据实际情况，本教材内容仅涉及陶瓷原料制备工、陶瓷颜料制备工、泥釉浆料制备输送工3个工种，在表中分别标注为（A）、（B）、（C），有标注的为对应工种单独考核项，未标注的为共同考核项。